David J Edelman

Gestão do ambiente urbano - Manila, Filipinas

David J Edelman

Gestão do ambiente urbano - Manila, Filipinas

ScienciaScripts

Imprint

Cover image: www.ingimage.com

This book is a translation from the original published under ISBN 978-3-659-82998-7.

Publisher:
Sciencia Scripts
is a trademark of
Dodo Books Indian Ocean Ltd. and OmniScriptum S.R.L publishing group

120 High Road, East Finchley, London, N2 9ED, United Kingdom
Str. Armeneasca 28/1, office 1, Chisinau MD-2012, Republic of Moldova, Europe
Printed at: see last page
ISBN: 978-620-8-17707-2

Índice:

RESUMO EXECUTIVO

Este volume, *Managing the Urban Environment - Manila, the Philippines*, é o terceiro de uma série de livros que se centram na prática da Gestão Ambiental Urbana (UEM) nos países em desenvolvimento, que enfrentam problemas mais imediatos do que o mundo desenvolvido e dispõem de menos recursos para os resolver. Os livros anteriores propuseram planos para Mysore, na Índia (Edelman, 2014) e Lagos, na Nigéria (Edelman, 2015), e estão previstos futuros livros para Istambul, na Turquia; Kingston, na Jamaica; Jacarta, na Indonésia; Lima, no Peru; Nairobi, no Quénia, e San Juan, em Porto Rico. O presente estudo é o relatório de um workshop de nível de pós-graduação que teve lugar na Escola de Planeamento, Faculdade de Design, Arquitetura, Arte e Planeamento, Universidade de Cincinnati, EUA, de agosto a dezembro de 2015. O objetivo do workshop era preparar os estudantes para trabalharem no estrangeiro em ambientes pobres em dados como consultores profissionais de planeamento. Foram dadas várias palestras para definir o enquadramento para a turma de 15 estudantes que operavam em grupos ou equipas de trabalho a nível setorial, preparando um plano de 5 anos para ajudar a resolver os problemas ambientais urbanos da área metropolitana de Manila, nas Filipinas, uma região metropolitana ambientalmente complexa e em expansão no Sudeste Asiático com mais de 24 milhões de habitantes (Demographia, 2015), utilizando uma base de dados do mundo real e um orçamento limitado. Este projeto constituiu a maior parte do trabalho da aula, culminando na conclusão deste documento de qualidade profissional, que é composto pelos 8 capítulos seguintes, bem como por uma Introdução e uma Conclusão.

Questões urbanas

Tal como muitos países em desenvolvimento, as Filipinas estão a viver uma rápida urbanização. Esta é acompanhada por vários desafios que exigem a gestão do seu ambiente urbano. Além disso, esta rápida urbanização não gerou a prosperidade que a acompanha e que caracteriza países como a China, a Índia, a Tailândia e o Vietname (Steele, 2014). Pelo contrário, as Filipinas estão a enfrentar problemas de pobreza, transportes, indústria, esgotos e saneamento, abastecimento de água e financiamento do desenvolvimento urbano à medida que o país cresce e se urbaniza. A nível nacional e local, foram envidados diversos esforços para gerir estas dificuldades ambientais urbanas, mas os desafios urbanos continuam a ser assustadores.

Do mesmo modo, a urbanização é um desafio global e, tal como nas Filipinas, foram empreendidos diferentes esforços para responder às suas ramificações. Um desses esforços é a adoção dos Objectivos de Desenvolvimento Sustentável (ODS) patrocinados pelas Nações Unidas. Sendo a atual agenda global para a redução da pobreza e o desenvolvimento humano, os ODS influenciarão os esforços a nível nacional, regional e local. É, portanto, relevante apreciar as implicações dos ODS em diferentes níveis de ação de desenvolvimento e, neste caso, para Metro Manila, o tema deste livro.

O foco aqui é a urbanização nas Filipinas e Metro Manila e suas conexões com a gestão ambiental urbana e o desenvolvimento sustentável usando os ODS. Este capítulo está estruturado em quatro secções após a introdução. Na segunda secção, são examinadas as questões de desenvolvimento urbano nas Filipinas e na região metropolitana de Manila, enquanto na terceira secção é apresentada uma visão geral dos ODS e, na quarta secção, são delineadas as ligações conceptuais entre os ODS e a gestão do ambiente urbano, tal como adoptadas neste livro. O capítulo conclui com implicações para a gestão ambiental urbana e o desenvolvimento sustentável na área metropolitana de Manila.

Alívio da pobreza

Ao criar um plano ambiental para uma área urbana, especialmente num país em desenvolvimento, é importante ter em conta todos os actores da cidade e a forma como utilizam o seu ambiente. Muitas vezes, os habitantes das cidades com baixos rendimentos estão sub-representados nos planos e nas instituições municipais. No entanto, seria negligente não considerar esta população na área metropolitana de Manila, uma vez que 3,9% da população da área metropolitana de Manila é considerada como vivendo na pobreza (The Borgen Project, 2013). Desde o final da década de 1980, as Filipinas têm registado um rápido crescimento demográfico e um lento crescimento económico per capita, embora este último tenha aumentado muito mais rapidamente nos últimos anos. Estes factores, combinados com políticas económicas ineficazes e com a falta de programas sociais robustos para os pobres, conduziram a elevados níveis de desigualdade de rendimentos (Buentjen, 2011). Esta disparidade é visível de forma flagrante na região metropolitana de Manila.

Para fazer face a esta disparidade, a Autoridade Nacional para a Economia e o Desenvolvimento das Filipinas criou, em 2011, o Plano de Desenvolvimento das Filipinas 2011 - 2016. As prioridades do plano residem no crescimento económico inclusivo e na melhoria da transparência governamental (NEDA, 2011). Este plano, conhecido como o contrato social do governo com o povo filipino, estabelece uma visão para o desenvolvimento e a programação da redução da pobreza em todo o país. Embora seja poderoso na criação de uma mensagem unificada, o plano pouco faz para se concentrar em questões específicas da pobreza urbana na região metropolitana de Manila e, por conseguinte, não criou programas sustentáveis para resolver a desigualdade. Na área metropolitana de Manila, a equipa de combate à pobreza identificou três áreas problemáticas prioritárias: condições de habitação nos aglomerados informais, acesso a água potável e falta de segurança no emprego no sector informal.

Neste capítulo, portanto, as três áreas prioritárias são exploradas em mais pormenor, fornecendo o contexto e os antecedentes da área temática, juntamente com as intervenções de alívio da pobreza para abordar estas questões que perpetuam a pobreza e a desigualdade de rendimentos na área metropolitana de Manila.

Indústria

Devido ao aumento constante do consumo privado nos últimos tempos, a um aumento das exportações e a um clima de investimento estável nas Filipinas, a economia do país começou finalmente a expandir-se e continua a crescer. Uma taxa de desemprego relativamente baixa, uma inflação modesta e remessas substanciais de filipinos para o estrangeiro resultaram num crescimento constante do produto interno bruto (PIB). A taxa média anual de crescimento era de um por cento antes do atual período de planeamento (2011 - 2016) e prevê-se que seja superior a quatro por cento por ano durante o período, com base nas projecções da Autoridade Nacional para a Economia e o Desenvolvimento (NEDA) das Filipinas. Esta forte expetativa de aumento do PIB baseia-se no pressuposto de uma taxa de crescimento populacional fixa de 1,89% (Ibid.), que seria inferior à registada nas últimas décadas.

A Indonésia, com uma taxa de crescimento do PIB de 6,3%, é o único país vizinho que regista atualmente melhores progressos. O crescimento da Malásia é muito semelhante ao das Filipinas, e o PIB da Tailândia está a crescer apenas 2,4% ao ano (Oxford Business Group, 2015). Os sectores da indústria e dos serviços, tal como as outras partes da economia, continuam a crescer. No entanto, o seu crescimento tem de ser sustentado. O mercado internacional para as Filipinas na economia em rápido crescimento da Ásia Oriental é um ponto-chave para a sua melhoria. A inovação na indústria e nos serviços com a criação de novos produtos, a ligação de diferentes sectores para otimizar a produtividade, bem como estratégias e políticas inovadoras, são alguns dos factores que podem ter grande impacto no crescimento destes sectores (NEDA, 2011).

Há provas que sustentam a afirmação de que "de todos os sectores, a indústria de BPO (Business Process Outsourcing) está no topo da lista em termos de dimensão e trajetória de crescimento, proporcionando oportunidades de emprego e incentivando os investimentos estrangeiros no país (*Manila Bulletin*, 2015)". Este facto vem na sequência da mudança para uma indústria baseada nos serviços na economia do país. Atualmente, as Filipinas empregam mais de um milhão de trabalhadores nos sectores da BPO e das TI conexas. Com o rápido crescimento destes sectores, o Banco Mundial prevê um rendimento total de 55 mil milhões de dólares até 2020 e a criação de 1,5 milhões de novos postos de trabalho. A par de condições adicionais, como uma população jovem qualificada significativa e custos de mão de obra mais baixos em comparação com o resto dos países da Ásia Oriental, há uma perspetiva positiva nesta indústria, bem como incentivos para mais investimento e, por conseguinte, crescimento neste sector (Romualdez, 2015). Para os filipinos, os elevados salários dos centros de BPO são atractivos, mesmo com as dificuldades de trabalhar a horas invulgares e as mudanças de estilo de vida que isso pode implicar.

Assim, em 2014, a região metropolitana de Manila era o segundo maior destino das empresas que procuravam serviços de BPO. Sendo um veículo comprovado de sucesso económico, a posição da BPO na agenda de criação de emprego de Manila deve ser reforçada. Manila é o líder de mercado e, por conseguinte, tem a influência e a experiência necessárias para alargar o âmbito dos seus serviços de BPO a novas categorias, como os cuidados de saúde. Consequentemente, Manila deve implementar as seguintes prioridades, a fim de fortalecer a cidade como a potência da BPO nas Filipinas:

- Estabelecer um centro de atendimento telefónico em Mandaluyong;
- Oferecer formação profissional;
- Garantir a Aetna ou a Anthem como cliente BPO;
- Realizar um estudo para determinar a viabilidade do turismo médico em Manila, e
- Desenvolver um superbloco no sul para servir de centro de expansão para os BPO de cuidados de saúde.

Transporte

Sendo a maior aglomeração urbana das Filipinas, o sistema de transportes terrestres da área metropolitana de Manila enfrenta o difícil desafio de ligar as suas 17 unidades governamentais locais (LGU). Atualmente, essas ligações compreendem duas linhas de LRT, uma linha de MRT, um extenso sistema de estradas e auto-estradas locais para automóveis particulares, triciclos, jeepneys, autocarros, bicicletas, pedicabs, ferries e percursos pedestres. Este capítulo explora o sistema de transporte terrestre de passageiros na área metropolitana de Manila. O transporte rodoviário mobiliza 98% do tráfego de veículos de passageiros nas Filipinas (Banco Asiático de Desenvolvimento, 2012), e seu domínio geral na região metropolitana de Manila faz do transporte terrestre de passageiros o setor no qual mudanças e melhorias terão o maior impacto na região.

O recente crescimento populacional e económico que a região metropolitana de Manila registou nas últimas décadas resultou na aceleração da posse de automóveis e, com isso, no aumento do congestionamento (Ibid.), da poluição (Robles, 2012), dos tempos de deslocação dispendiosos (um relatório do Banco Asiático de Desenvolvimento estima que 4,6% das perdas do PIB se devem ao congestionamento, 2012; Buco, 2009; Robles, 2012) e dos acidentes de viação (Flor, u. d.). Em 2007, as principais formas de veículos motorizados registados no país eram os *motociclos* e *triciclos*, que constituíam aproximadamente 48% de todos os veículos motorizados registados, seguidos dos *veículos utilitários* (incluindo jeepneys), que eram aproximadamente 29%, *dos automóveis*, que representavam 14%, *dos veículos utilitários desportivos*, que representavam 3%, *dos autocarros*, que representavam 5%, e dos *reboques*, que representavam 0,4% de todos os veículos motorizados registados no país:

1. Iniciativa a curto prazo - Com a duração de 5 anos, esta fase centrar-se-á nos modos de transporte mais predominantes na região: os jeepneys e os triciclos. Devido ao significado cultural e económico destes veículos, a sua forma e função gerais seriam preservadas, mas estes veículos passariam de motores a diesel para modelos eléctricos. Isto ajudaria a reduzir a dependência da nação em relação ao combustível estrangeiro e teria o maior impacto num curto espaço de tempo.
2. Iniciativa a médio prazo - Também com a duração de 5 anos, esta fase consistiria num programa social contínuo a longo prazo, centrado na educação de jovens adultos, adolescentes e crianças sobre meios de transporte sustentáveis e no incentivo a uma cultura ciclista. Isto seria conseguido através dos meios de comunicação social, programas escolares e actividades de lazer. A área metropolitana de Manila já está a passar por uma crise de congestionamento e as tendências demográficas mostram que as crianças e os adolescentes são os maiores grupos demográficos da população. À medida que estes grandes grupos atingem a idade adulta, o impacto das suas escolhas prevalecentes para os modos de transporte será profundamente significativo, quer agravando ainda mais os actuais problemas do sector dos transportes para níveis sem precedentes, quer ajudando a transição da região para redes de transportes mais sustentáveis.
3. Iniciativa a longo prazo - Nesta fase de 15 anos, propõe-se a criação de uma rede de transportes não motorizados ou motorizados de baixo impacto entre as UGL para facilitar as viagens curtas. Foram selecionados o ciclismo, as bicicletas eléctricas e as deslocações a pé como principais meios de transporte para estes corredores. O plano é identificar caminhos estreitos existentes que permeiam o tecido urbano e que já servem como vias de transporte não motorizado. Estes corredores apresentam uma mistura vibrante de usos e investir na sua formalização para criar caminhos verdes encorajaria o transporte não motorizado (Ibid.).

Energia

O sector da energia nas Filipinas foi objeto de revisões maciças desde a década de 1980. A National Power Corporation (NCP) foi criada em 1936. O seu objetivo era gerir todos os aspectos da produção de energia. A NCP era responsável pela construção e exploração de todas as centrais eléctricas. A NCP não só produzia eletricidade como também a transmitia. No entanto, no final da década de 1980, o PCN tinha acumulado grandes dívidas e não conseguia gerir eficazmente o sector sob esta pressão. Em 1987, a administração de Corazon Aquino aprovou a Ordem Executiva (EO) nº 215, que abriu o sector da energia ao sector privado. Nessa altura, porém, os privados só podiam construir e explorar "centrais de produção de eletricidade, com a intenção de vender a sua produção às redes, de acordo com os planos de desenvolvimento formulados pela National Power Corporation".

Na sequência deste PDE, foi publicada a Lei da República n.º 6957, que estabeleceu uma lei de construção, exploração e transferência. O objetivo era garantir um "retorno razoável" dos investimentos feitos por entidades privadas. Mesmo com o apoio do governo federal, o PCN não conseguiu acompanhar a procura de energia. Em 1992, as suas instalações estavam a funcionar apenas com 50% a 70% da capacidade instalada. O PCN enfrentou problemas de operação e manutenção, para além da dívida. Não podia construir mais capacidade e os privados não estavam interessados em trabalhar exclusivamente com a NCP. Estes problemas levaram a apagões maciços que duravam 12 horas por dia.

Em 1993, foi aprovada a Lei da República n.º 7468 (Lei da Crise da Energia Eléctrica de 1993). Esta lei permitiu que o NCP funcionasse até à entrada em vigor da Lei da Reforma do Setor da Energia Eléctrica de

2001 (EPIRA). Esta lei privatizou todo o sector da energia, desde a produção até ao transporte. Todos os activos e contratos da NCP foram vendidos e o dinheiro foi utilizado para cobrir todas as dívidas. O EPIRA também criou um mercado grossista de energia para incentivar as "tarifas de produção" e aumentar a transparência dos custos da energia. Por último, o EPIRA abriu o campo para o acesso aberto e a concorrência a retalho (Antonio, 2014).

A MERALCO, a distribuidora de energia de Manila, não tem uma boa relação com o público, no meio de várias batalhas legais, acusações de corrupção, subornos e branqueamento de capitais. A MERALCO vai financiar e explorar dois novos geradores de 400 megawatts em Jurong Industrial Estate, Singapura (*The Manila Times*, 2014), muitos perguntam-se porque é que não construíram estas centrais nas Filipinas. A MERALCO está a lucrar com a negação de um aumento da capacidade e da oferta, cobrando preços cada vez mais elevados pela eletricidade (muito mais elevados do que os cobrados em Singapura); "... algo deve estar terrivelmente errado aqui quando a nossa maior empresa de serviços públicos, que controla 60% do mercado da eletricidade, opta por investir milhares de milhões de pesos fora do país, que tem sido deficiente em capital (Ibid.)."

Assim, as questões e os problemas enfrentados pelo sector da energia na região metropolitana de Manila são extremamente diversos. Numa tentativa de abordar o maior número possível, foram desenvolvidos quatro objectivos:

1. Incentivar *a educação* sobre energia e consumo;
2. Apoiar *a investigação no* domínio da energia;
3. Ajudar a aumentar a atual *capacidade* energética através de fontes renováveis, e
4. Resolver os problemas de *acesso* à eletricidade.

Foram criadas soluções para questões relacionadas com a energia em relação aos quatro objectivos. As soluções centraram-se na promoção da educação e do crescimento do emprego no domínio da energia, na identificação de fontes de energia nas Filipinas, incluindo as renováveis, na redução da procura e do consumo de energia e na ajuda aos grupos desfavorecidos no acesso à eletricidade. Neste capítulo, foi explorada toda a gama de projectos, com a intenção de selecionar alguns para desenvolver mais.

Água

O sector da água na região metropolitana de Manila enfrenta desafios semelhantes aos de outros países em desenvolvimento, como o acesso pouco fiável a água potável a preços acessíveis. Esta situação é agravada por uma população urbana em rápido crescimento, grande parte da qual ocupa aglomerados informais, muitos dos quais não dispõem de abastecimento doméstico através de canalização. A área metropolitana de Manila é a região mais densamente povoada das Filipinas, com 18.165,1 pessoas/km^2 distribuídos por uma área administrativa de 636 km^2 (Banco Asiático de Desenvolvimento, 2014). Este cenário descreve uma população metropolitana que sofre de constante insegurança hídrica.

Antes de 1997, a água da região metropolitana de Manila era fornecida pelo Metropolitan Waterworks and Sewerage System (MWSS), uma filial do Department of Public Works and Highways. Este organismo público tinha um historial de mau serviço e níveis crescentes de dívida na ordem das centenas de milhões. Até 1997, o MWSS servia apenas dois terços da população da região metropolitana de Manila, ou seja, 6,3 milhões de pessoas. Os restantes 3,3 milhões de pessoas não dispunham de ligações a um sistema de abastecimento por condutas e eram obrigados a abastecer-se de água noutro local.

A privatização foi considerada uma solução viável e, em 1997, foi implementada através de um modelo de concessão em que a região de Metro Manila foi dividida em áreas de serviço oeste e leste, a serem geridas por dois concessionários distintos até ao ano 2022. As obrigações do contrato de concessão consistiam no tratamento e distribuição de água potável e na gestão da cobrança de facturas e dos serviços de saneamento/esgotos.

Existem vários problemas importantes. Estes incluem a água não faturada (ANR), que é definida como a diferença entre a quantidade de água colocada no sistema de distribuição e a quantidade de água faturada aos consumidores (Espiritu, 2011). Esta água é perdida do sistema por fuga, roubo ou má gestão e, por isso, não é facturada. O NRW contribui para o problema de apenas 68% dos clientes na região oeste receberem um abastecimento de 24 horas. Este desfasamento entre a procura e a oferta faz com que a água seja comprada a vendedores ilegais a preços exorbitantes ou roubada das linhas da rede através de ligações não autorizadas. A deteção de NRW é importante para mitigar a redução nas alocações de água que ocorre como resultado da escassez de água que surge devido a questões ambientais.

A rápida urbanização é o segundo problema. Está a exercer uma pressão significativa sobre as infra-estruturas de água da região metropolitana de Manila. Desde 1997, uma concessionária, a Manila Water Company Inc. (MWCI), tem efectuado melhorias constantes e permanecido rentável, enquanto a outra, a Maynilad Water

Services Inc. (MWSI), tem ficado constantemente para trás. No entanto, em 2010, a MWSS aprovou a prorrogação do prazo do contrato de concessão por 15 anos para a MWSI continuar a operar (Maynilad Water Services Inc., 2010).
Atualmente, estima-se que 3,3 milhões de pessoas na região oeste da área metropolitana de Manila vivam sem um abastecimento de água fiável 24 horas por dia. Com mais de três quartos da população nacional projectada para viver em áreas urbanas até 2030 (Banco Asiático de Desenvolvimento, 2014), os desafios da urbanização serão, sem dúvida, ampliados nesta região, uma vez que as infra-estruturas lutam para acompanhar o aumento projetado de habitantes.
A acessibilidade económica é também um problema. Para garantir que as operações possam continuar de forma sustentável, os fornecedores de serviços de água devem cobrar tarifas que lhes permitam recuperar os seus investimentos, que incluem lucros regulados pelo governo. O custo da água é fortemente subsidiado, com os clientes mais pobres a pagarem aproximadamente 24% do custo da ligação. O coeficiente de Gini da região metropolitana de Manila, de 0,41, é um indicador sombrio da significativa desigualdade intra-urbana e dos elevados níveis de pobreza que lhe estão associados (Ibid.). Isto significa que os seus habitantes mais vulneráveis não são verdadeiramente capazes de pagar a água ou outros serviços urbanos básicos. Além disso, os prestadores de serviços de água não conseguem manter ou aumentar a cobertura dos serviços sem uma base de clientes que paguem as tarifas para recuperar os seus custos.
Outro problema é o facto de a MWSS, a Maynilad e a Manila Water Company se recusarem frequentemente a estender as infra-estruturas de água às povoações ilegais devido à sua natureza ilícita e à sua impermanência. Têm também receio de que os ocupantes roubem a água dos canos.
Além disso, uma vez que estes aglomerados ilegais são construídos em zonas como planícies de inundação, faixas de rodagem de caminhos-de-ferro e lixeiras, muitas vezes não existe espaço adequado para as condutas. Para além disso, os trabalhadores têm dificuldade em chegar a estas áreas porque estão construídas em espaços perigosos. Como resultado, as pessoas mais pobres da sociedade têm de comprar a água a vendedores e, muitas vezes, acabam por pagar 10 a 25 vezes mais do que os membros mais ricos da sociedade (Argo, 2011).
Muitos dos cursos de água da região metropolitana de Manila foram considerados biologicamente mortos devido à quantidade de lixo e poluição neles existente. (*The Philippine Star*, 2004). Assim, a poluição dos cursos de água é outro problema.
Por último, todos os anos há seis a sete tufões na região metropolitana de Manila, que provocam grandes inundações. Os terramotos destrutivos e os tsunamis são catástrofes naturais a que a região metropolitana de Manila também está sujeita e que podem causar grandes inundações (CIA, 2015). O efeito destas inundações é agravado pela poluição extrema da cidade. Esta poluição inclui lixo que bloqueia os sistemas de drenagem e obstrui os cursos de água. Além disso, os assentamentos ilegais ao longo das planícies de inundação e dos cursos de água reduzem a capacidade de drenagem durante as inundações (*Environment and Natural Disasters*, n. d.).
Para aliviar estes problemas, um conjunto abrangente de programas é sugerido e elaborado neste capítulo. Estes incluem o reforço da capacidade institucional, o Programa de Melhoria da Água para a Comunidade, um programa de reabilitação de cursos de água com cinco componentes e um plano de resiliência a catástrofes naturais também com cinco elementos.

Esgotos e saneamento

Esgotos

Um saneamento inadequado ameaça o bem-estar dos filipinos e, essencialmente, a economia filipina. Na região metropolitana de Manila, muitos dos problemas de saúde sentidos pelos residentes estão ligados à falta de saneamento. Em 2004, foi noticiado que "vinte e cinco filipinos morrem de diarreia todos os dias e que epidemias relacionadas com o saneamento surgiram nos últimos anos em comunidades de baixo rendimento (*Philippines Sanitation Sourcebook*, 2004)". O surto de epidemias relacionadas com o saneamento é provavelmente o resultado do despejo de resíduos em cursos de água fluviais, como o rio Pasig, que atravessa uma parte importante da cidade. Assim, a sua poluição afectou muitas partes da região metropolitana de Manila. De acordo com o Programa das Nações Unidas para o Desenvolvimento (PNUD, 2006), 70% da poluição do rio Pasig deveu-se a resíduos humanos e, segundo um relatório de 2003, 150 toneladas de resíduos domésticos e 75 toneladas de resíduos industriais foram despejados no rio Pasig (*Water Environment Partnership in Asia*, n. d.). Este tipo de poluição tem efeitos prejudiciais significativos para a sustentabilidade do ambiente nas Filipinas e para a saúde pública dos cidadãos.
À medida que os resíduos se decompõem, substâncias perigosas e toxinas podem vazar para o solo, manchando o abastecimento de água local (Elloso, 2013). A água limpa - abastecimento de água local - não é apenas crítica para a vida humana, mas também é vital para as plantas, animais e vida aquática que dependem de água limpa e higienizada. Um saneamento inadequado pode também afetar a capacidade de utilização de rios, baías e

outras massas de água para o transporte e comércio de mercadorias, prejudicando ainda mais o crescimento económico de um país.

O Monitor do Ambiente das Filipinas informou em 2007 que uma quantidade significativa das águas superficiais na maioria dos grandes centros urbanos é constituída por rios que representam um risco para a saúde pública (norma de classe C ou inferior) (Banco Asiático de Desenvolvimento, 2013). Além disso, as "bactérias coliformes encontradas em todos os rios de Manila excederam os padrões do Departamento de Meio Ambiente e Recursos Naturais (DENR), em alguns casos em várias ordens de magnitude (Ibid.)". A presença de bactérias coliformes na água indica contaminação fecal. Os coliformes podem causar diarreia, que é conhecida por ser mortal nas Filipinas.

Em 2004, foi aprovada a Lei da Água Limpa das Filipinas (RA 9275). Esta lei fornece uma abordagem abrangente e integrada para tratar as questões interligadas relacionadas com a qualidade da água, o saneamento e a poluição. A RA 9275 refuta as noções anteriores e inverte as políticas anteriores, afirmando que o saneamento é da responsabilidade de cada agregado familiar (*Philippines Sanitation Sourcebook*, 2004). Ao alterar as políticas de saneamento, o governo tem agora uma responsabilidade partilhada na garantia e proteção da qualidade da água, do saneamento e do controlo e prevenção da poluição. A garantia de uma provisão adequada de sistemas municipais de saneamento seria mais viável quando encarada como um esforço de grupo. Tanto as famílias individuais, ou o público filipino, como os governos locais filipinos devem trabalhar em conjunto para resolver os seus problemas de saneamento. A RA 9275 complementará outras leis e políticas nas Filipinas, tais como, entre outras, o Código de Saneamento (PD 856), o Sistema Metropolitano de Água e Esgotos (MWSS).

Saneamento

A composição dos resíduos produzidos em Manila é altamente biodegradável. De facto, cerca de 50% dos resíduos são matérias decomponíveis, como os resíduos de cozinha e de alimentos (Storey, 2012). Os outros tipos de resíduos incluem garrafas PET, metais, papéis, madeira, carcaças de animais, latas, caixas/cartões, garrafas de vidro, resíduos de quintal e jardim, celofane e plásticos (Bernardo, 2008). Este facto demonstra que a aplicação de métodos de compostagem, reciclagem e separação de resíduos seria uma solução viável para os problemas de gestão de resíduos de Manila.

À medida que a população continua a crescer rapidamente, o mesmo acontece com a quantidade de resíduos produzidos. Este facto aumenta a importância do reforço da legislação existente. Não só os serviços de recolha estão a tornar-se menos eficientes, como também, devido à crescente oposição pública, desconfiança e má localização e gestão, as instalações de tratamento e eliminação estão a ser encerradas (Ibid.). Por conseguinte, nunca é demais sublinhar a importância de fazer cumprir a regulamentação, tanto a nível governamental como comunitário, a fim de atenuar os problemas de resíduos registados na área metropolitana de Manila.

Vários programas e projectos são propostos neste capítulo para aliviar estes problemas. O primeiro é um programa de educação ambiental (EA). Trata-se de um programa prático que forneceria a crianças e adultos as ferramentas e competências necessárias para cuidar e investigar o seu próprio ambiente. Os participantes também aprenderiam a tomar decisões informadas e inteligentes sobre os métodos para cuidar do(s) seu(s) ambiente(s). Além disso, um programa de EA ensina crianças e adultos a assumir uma responsabilidade partilhada no estado do seu ambiente. Os programas de EE seriam implementados nos currículos regulares das salas de aula para crianças em idade escolar primária e secundária. Defensores locais, em conjunto com o governo, seriam responsáveis pela construção, implementação e acompanhamento de qualquer programa de EE.

O segundo é um Programa Obrigatório de Segregação e Eliminação de Resíduos (MSWD). Este é um programa educacional obrigatório no qual crianças e adultos aprendem as formas corretas de separar os seus resíduos sólidos em categorias recicláveis e não recicláveis. Este programa pode ser implementado com qualquer programa de EA, mas difere da educação ambiental porque se concentra apenas nas questões relacionadas com os resíduos sólidos, na falta de gestão na região metropolitana de Manila e na importância de separar e eliminar os resíduos de forma adequada. Cada família seria responsável pela separação do seu lixo e resíduos, e o governo do barangay (bairro ou aldeia) seria responsável pela construção, implementação e acompanhamento de qualquer programa de EM. Isto não significa que não haja resíduos a serem recolhidos ou eliminados, porque tudo seria reciclado. Pelo contrário, trata-se de uma abordagem holística do tratamento dos resíduos sólidos, em que os resíduos que ainda são úteis não podem ser desperdiçados.

O terceiro programa proposto é uma iniciativa de sustentabilidade. Os projectos de sustentabilidade seriam utilizados para conservar os recursos naturais das comunidades locais através da agricultura urbana e da compostagem.

Finanças

Neste plano, o papel da equipa financeira tem sido pesquisar e examinar as fontes de financiamento estrangeiras e nacionais nas Filipinas e determinar quanto dinheiro está potencialmente disponível para os projectos propostos para a região metropolitana de Manila. Estas fontes incluem a ajuda externa, o investimento direto estrangeiro e o orçamento do Estado, composto pelas receitas fiscais e pelo Produto Interno Bruto (PIB). Cada sector (alívio da pobreza, transportes, indústria, esgotos e resíduos sólidos, energia e água) forneceu a sua lista de projectos prioritários e o montante de financiamento que os projectos exigiriam ao longo de um período de cinco anos. A equipa financeira examinou criticamente as três fontes de financiamento e compilou estimativas do dinheiro disponível para cada projeto, que são apresentadas em pormenor no capítulo das finanças.

INTRODUÇÃO

David J. Edelman

Fonte: http://www.manilahums.weebly.com

Gestão Ambiental Urbana

Este volume, *Managing the Urban Environment - Manila, the Philippines*, é o terceiro de uma série de livros que se centram na prática da Gestão Ambiental Urbana (UEM) nos países em desenvolvimento, que enfrentam problemas mais imediatos do que o mundo desenvolvido e dispõem de menos recursos para os resolver. Os livros anteriores propuseram planos para Mysore, na Índia (Edelman, 2014) e Lagos, na Nigéria (Edelman, 2015), e estão previstos futuros livros para Istambul, na Turquia; Kingston, na Jamaica; Jacarta, na Indonésia; Lima, no Peru; Nairobi, no Quénia, e San Juan, em Porto Rico. O presente estudo é o relatório de um workshop de nível de pós-graduação que teve lugar na Escola de Planeamento, Faculdade de Design, Arquitetura, Arte e Planeamento, Universidade de Cincinnati, EUA, de agosto a dezembro de 2015. O objetivo do workshop era preparar os estudantes para trabalharem no estrangeiro em ambientes pobres em dados como consultores profissionais de planeamento. Foram dadas várias palestras para definir o enquadramento para a turma de 15 estudantes que operavam em grupos de trabalho ou equipas a nível setorial, preparando um plano de 5 anos para ajudar a resolver os problemas ambientais urbanos de Metro Manila, nas Filipinas, uma megacidade grande e ambientalmente complexa de quase 12 milhões de habitantes no Sudeste Asiático, com uma população regional maior de mais de 24 milhões de habitantes (Demographia, 2015), utilizando uma base de dados do mundo real e um orçamento limitado. Este projeto constituiu a maior parte do trabalho da turma, culminando na conclusão deste documento de qualidade profissional, que é composto pelos 8 capítulos seguintes, bem como por esta Introdução e uma Conclusão.

Manila Metropolitana

A região metropolitana de Manila, vulgarmente conhecida como Metro Manila, a Região da Capital Nacional (NCR) das Filipinas, é a sede do governo e a região mais populosa do país. É composta por Manila, Quezon City, que é a capital do país, o município de Pateros, e as cidades de Caloocan, Las Piñas, Makati, Malabon, Mandaluyong, Marikina, Muntinlupa, Navotas, Parañaque, Pasay, Pasig, San Juan, Taguig e Valenzuela, ou seja, 17 no total (Instituto Nacional de Estatística, 2010).

A região é o centro da cultura, educação e governo das Filipinas . A NCR é uma das 12 áreas metropolitanas definidas nas Filipinas, de acordo com a National Economic and Development Authority (NEDA, 2007). Enquanto cidade global, a região metropolitana de Manila exerce um impacto significativo no comércio, nas finanças, nos meios de comunicação social, na arte, na moda, na investigação, na tecnologia, na educação e no entretenimento, tanto a nível local como internacional. É a sede de todos os consulados e embaixadas das Filipinas, o que faz dela o centro da diplomacia internacional no país.

O seu poder económico faz da região o principal centro financeiro e comercial do país. A região metropolitana de Manila representa 37,2% do produto interno bruto das Filipinas (Interaksyon.com, 2015).

A NCR foi criada em 1975 através do Decreto Presidencial n.º 824, em resposta à necessidade de sustentar a população crescente e de criar o centro do poder político e a sede do Governo das Filipinas (Arellano Law Foundation, 1975).

Geografia

A região metropolitana de Manila está localizada na parte sudoeste da ilha de Luzon. A região situa-se ao longo das terras aluviais planas que se estendem desde a foz do rio Pasig, a oeste, até às terras mais altas e acidentadas do vale de Marikina, a leste. A região está geograficamente dividida em 4 zonas: a margem costeira, o planalto de Guadalupe, o vale de Marikina e as terras baixas de Laguna. A margem costeira, virada para a Baía de Manila, possui recursos para a pesca ao largo e para o desenvolvimento de viveiros de peixes. Os vários projectos de recuperação na área destinam-se ao desenvolvimento urbano de utilização mista. O Planalto de Guadalupe é o mais adaptável às actividades de desenvolvimento urbano, não só devido às suas sólidas fundações geográficas, mas também devido às suas ligações infra-estruturais existentes com o resto de Luzon. O vale de Marikina tem terras férteis adequadas para o cultivo de culturas, enquanto o rio Marikina fornece água para usos industriais e descargas. As terras baixas de Laguna não são apenas adequadas para a agricultura e a aquicultura, mas também para a atividade industrial (Philippine Institute for Developmental Studies, 2015).

A região metropolitana de Manila é propensa a terramotos porque está rodeada de falhas activas, incluindo o Sistema de Falhas do Vale de Marikina. Outras falhas distantes, como as Falhas das Filipinas, as Falhas de Lubang, a Fossa de Manila e as Falhas de Casiguran, também constituem uma ameaça (*The Philippine Star*, 2015). Devido às catástrofes naturais que ameaçam a região metropolitana de Manila, Manila foi classificada como a segunda capital mais arriscada para se viver, a seguir a Tóquio, de acordo com a Swiss Re (*Philippine Daily Inquirer*, 2014).

Clima

A região metropolitana de Manila tem um clima tropical húmido e seco e um clima tropical de monções, com uma estação seca relativamente curta, de janeiro a maio, e uma estação húmida prolongada, de junho a dezembro.

Dados demográficos

A Região da Capital Nacional tinha uma população de 11.855.975 habitantes em maio de 2010 (NSO, 2010). A sua área urbana total, composta pela aglomeração urbana que se refere à expansão urbana contínua de Metro Manila para as províncias de Bulacan, Cavite, Laguna e Batangas, tem uma população de 24 123 000 habitantes (Demographia, 2015). É a região mais populosa das Filipinas, a sétima área metropolitana mais populosa da Ásia e a terceira área urbana mais populosa do mundo.

As cidades mais populosas da região metropolitana de Manila são Quezon City (2.761.720), Manila (1.652.171), Caloocan (1.489.040), Pasig (669.773), Taguig (644.473), Parañaque (588.126), Valenzuela (575.356), Las Piñas (552.573), Makati (529.039) e Muntinlupa (459.941).

As Filipinas têm uma das taxas de natalidade mais elevadas da Ásia e a população poderá duplicar em trinta anos, o que poderá revelar-se problemático para a já congestionada área metropolitana de Manila (*BBC News*, 2015). Além disso, a Oxfam cita a desigualdade "assombrosa" entre ricos e pobres, que se manifesta na NCR (Hjelmgaard, 2015).

Economia

Bruce Katz, vice-presidente da Brookings Institution, sublinhou recentemente a importância emergente das economias metropolitanas, como a região metropolitana de Manila (Kelly, 2015). Como referido anteriormente, a Região da Capital Nacional representa 37,2% do produto interno bruto das Filipinas em 2013 (Interaksyon, 2015). Para além disso, tem o PIB per capita mais elevado do país, com 183.747 F (NSCB, 2013). A F50 para o dólar americano (coinmill.com, 2015), isto é $3675 por ano. A taxa de emprego da região metropolitana de Manila era de 89,6% em 2012 (NSCB, 2012). De acordo com a Brookings Institution, a quota de 2014 da produção por indústria na Metro Manila é a seguinte: comércio e turismo: 31,4%, negócios/finanças: 28,6%, local/não-mercado: 15,6%, indústria transformadora: 12,5%, transportes: 4,9%, construção: 4%, serviços públicos: 2,8%, e produtos de base: 0,3% (Brookings Institution, 2015).

A região metropolitana de Manila irá acrescentar 1,85 milhões de metros quadrados de espaço para escritórios entre 2015 e 2017 nos distritos comerciais centrais de Makati, Taguig e Quezon City, à medida que mais empresas globais, como a Google e o HSBC, procuram externalizar processos empresariais (BPO) nas Filipinas (*GMA News*, 2015). A taxa de desocupação de espaços de escritórios permanece baixa, inferior a 3% no final de 2014 (INQUIRER.net, 2015).

A região metropolitana de Manila continua a ser a capital mais barata da Ásia-Pacífico para ocupar um espaço de escritórios de primeira linha, com uma renda média de 22 dólares por metro quadrado por mês (INQUIRER.net, 2014).

A região metropolitana de Manila faz parte do "Global Top 30", de acordo com a empresa de consultoria imobiliária Jones Lang Lasalle, que cita a sua escala económica, a sua vasta população, o seu elevado Produto Interno Bruto e a sua

A especialização em BPO é a sua vantagem competitiva (*Manila Standard Today*, 2015). Além disso, a região está agora classificada entre Bangalore e Mumbai como o 2.º lugar entre os principais destinos globais de externalização de processos empresariais (INQUIRER.net, 2015). O sector retalhista da região continua forte, apoiado pelas remessas para o estrangeiro, pelos BPO e pelo sector do turismo (*Manila Standard Today*, 2015).

Historicamente, o principal distrito comercial da metrópole era Binondo, onde o comércio floresceu desde o século XV. No entanto, na década de 1960, as actividades económicas deslocaram-se para Makati, transformando-a num dos principais centros financeiros da Ásia. No entanto, Binondo continuou a ser um centro cultural e financeiro devido à vasta população chinesa que reside e faz negócios na zona.

O salário mínimo diário da região metropolitana de Manila é de F481 ($9,62) para os trabalhadores não agrícolas e de P444 ($8,88) para os que trabalham no sector agrícola, o salário mínimo mais elevado de todas as 17 regiões do país (*The Manila Times*, 2015).

CAPÍTULO 1

QUESTÕES URBANAS NA ÁREA METROPOLITANA DE MANILA E SUAS IMPLICAÇÕES PARA A GESTÃO AMBIENTAL URBANA E O DESENVOLVIMENTO SUSTENTÁVEL

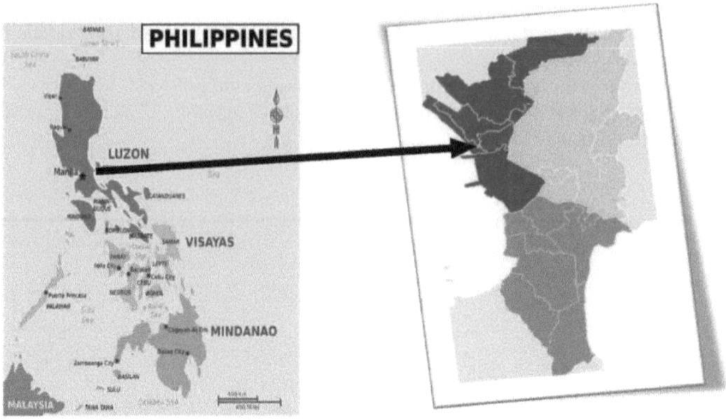

Um mapa das Filipinas
B Mapa da área metropolitana de Manila
Fonte:
A) http://www.globalsecurity.org/military/world/philippines/images/map-regions- 2jpg
B) https://commons.wikimedia.org/wiki/File:Districts of Metro Manila.svg

Stephen K. Diko

1.1 Introdução

Tal como muitos países em desenvolvimento, as Filipinas estão a viver uma rápida urbanização. Esta é acompanhada por vários desafios que exigem a gestão do seu ambiente urbano. Aparentemente, esta rápida urbanização não gerou a prosperidade que a acompanha e que caracteriza países como a China, a Índia, a Tailândia e o Vietname (Steele, 2014). Pelo contrário, as Filipinas estão a enfrentar obstáculos relacionados com a pobreza, os transportes, a indústria, os esgotos e o saneamento, o abastecimento de água e o financiamento do desenvolvimento urbano, à medida que o país se urbaniza. A nível nacional e local, foram envidados diversos esforços para gerir estes problemas ambientais urbanos; no entanto, os desafios urbanos continuam a ser assustadores.

Do mesmo modo, a urbanização é um desafio global e, tal como nas Filipinas, foram empreendidos diferentes esforços para responder às suas ramificações. Um desses esforços é a adoção dos Objectivos de Desenvolvimento Sustentável (ODS) patrocinados pelas Nações Unidas. Sendo a atual agenda global para a redução da pobreza e o desenvolvimento humano, os ODS influenciarão os esforços a nível nacional, regional e local. É, portanto, relevante apreciar as implicações dos ODS em diferentes níveis de ação de desenvolvimento e, neste caso, para Metro Manila, que é o tema deste livro.

Este capítulo apresenta o contexto de desenvolvimento deste livro. Para isso, o foco é colocado na urbanização nas Filipinas, e na região metropolitana de Manila em particular, e suas conexões com a gestão ambiental urbana e o desenvolvimento sustentável usando os ODS. Este capítulo está estruturado em quatro secções após a introdução. A segunda secção examina as questões de desenvolvimento urbano nas Filipinas e na área metropolitana de Manila, enquanto a terceira secção fornece uma visão geral dos ODS e a quarta secção apresenta as ligações conceptuais dos ODS e da "Gestão do Ambiente Urbano", tal como adoptada neste livro. O capítulo conclui com implicações para a gestão ambiental urbana e o desenvolvimento sustentável na área metropolitana de Manila.

1.2 Questões de desenvolvimento urbano nas Filipinas

1.2.1 Perfil urbano das Filipinas

Nas Filipinas, a população urbana tem-se mantido acima dos 50% desde 1990, apesar de uma ligeira quebra após 2000. No entanto, a população urbana tem vindo a aumentar desde 1990, observa Naik Singru (2014). Estas tendências estão resumidas nos Quadros 1 e 2.

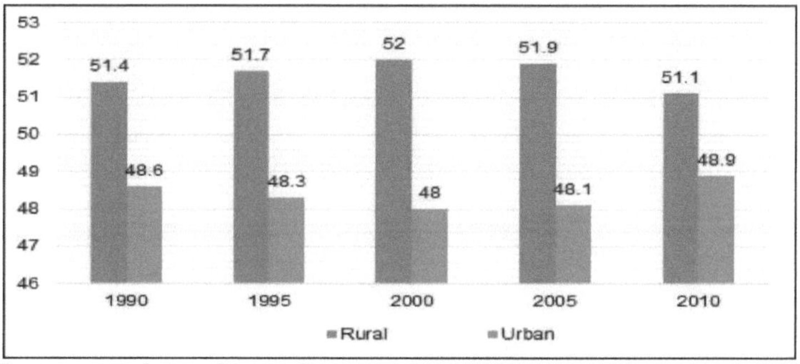

Figura 1.1: Percentagem da população urbana e rural, 1990-2010
Fonte: Naik Singru, 2014, citando ADB, 2011

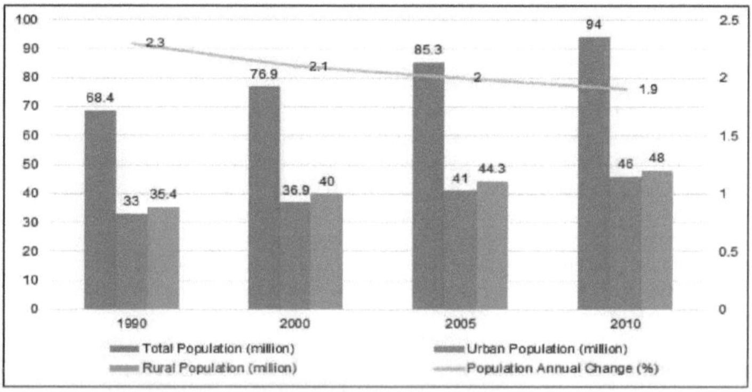

Figura 1.2: População total, urbana e rural, 1995-2010
Fonte: Naik Singru, 2014, citando ADB, 2011

Prevê-se que a população total das Filipinas seja de 108 748 000 em 2020 e de 122 388 000 em 2030. Destas, prevê-se que 78 594 700 e 93 859 600 pessoas constituirão a população urbana em 2020 e 2030, respetivamente. Isto representa 72,3% para 2020 e 76,7% para 2030, contra 66,4% em 2010, de acordo com as Nações Unidas, Departamento de Assuntos Económicos e Sociais, Divisão da População (2008).

1.2.2 Perfil urbano da área metropolitana de Manila

Infelizmente, os dados sobre o crescimento da área metropolitana de Manila não são recentes. Metro Manila é, no entanto, uma das áreas mais urbanizadas das Filipinas. Em 2000, estimava-se que a população total da área era de 9,4 milhões, com 51,2% de mulheres e 48,7% de homens. A metrópole também ocupava uma área de 636 quilómetros quadrados, representando cerca de 0,2% da área total do país (Ragragio, 2003). Em 2007, a população da área metropolitana era de 11.553.427 habitantes, com uma área territorial de aproximadamente 638,55 km2 . Esta área constituía 0,21% da área terrestre total das Filipinas e a sua população constituía 13% da população nacional em 2007 (Shaw et al., 2010). Atualmente, estima-se que a população seja ainda maior.

Como indicador, as tendências populacionais da cidade de Manila, localizada no centro e historicamente importante, dão uma ideia de como a área metropolitana está a crescer. O Censo de População e Habitação de 2010 revelou que a área é altamente urbanizada, com uma população total de 1.652.171 pessoas. Isto representa um aumento da população em 71 089 pessoas relativamente ao censo de 2000, quando foi contabilizada uma população total de 1 581 082 pessoas. A Figura 3 mostra a população total da cidade entre 1970 e 2010 (Philippine Statistical Authority, 2010).

Censo Decenal	População total (000)	Variação em %
1970	1,331.8	-

1980	1,630.5	22.43
1990	1,601.2	-1.80
2000	1,581.1	-1.26
2010	1,652.2	4.50

Figura 1.3: População total da cidade de Manila de 1970 a 2010
Fonte: Autoridade Estatística das Filipinas, 2010

1.2.3 Desafios urbanos

Devido ao rápido processo de urbanização nas Filipinas, os habitantes das cidades enfrentam desafios em todo o país. Estes desafios são transversais à pobreza, à indústria, aos transportes, à energia, à água, aos esgotos e ao saneamento, e às finanças. A nível nacional, o Banco Asiático de Desenvolvimento (BAD) observa que a rápida urbanização ultrapassou o fornecimento de infra-estruturas e serviços urbanos. O banco está preocupado com o facto de mais de 40% das famílias nas zonas urbanas não disporem de habitação adequada ou de acesso a habitação a preços acessíveis. Além disso, esta rápida urbanização também aumentou os desafios no acesso à água potável, à poluição, à gestão de resíduos e ao declínio contínuo da cobertura florestal. Há problemas de defecação a céu aberto, inundações e acesso à energia em muitas das zonas urbanas. Shawa et al. (2010) observa, por exemplo, que, como resultado da urbanização, existem problemas ambientais urbanos que incluem o crescimento não planeado, o congestionamento do tráfego, o défice de habitação, o desemprego, a poluição, a má gestão do lixo e as tensões políticas, bem como a incidência de catástrofes relacionadas com o clima, como as inundações. Todos estes problemas são mais graves na região metropolitana de Manila.

Nos capítulos subsequentes, as várias equipas sectoriais realizarão discussões pormenorizadas sobre os desafios ambientais urbanos especificamente relacionados com a área metropolitana de Manila. Estas discussões também incluem propostas para mitigar, gerir e lidar com os desafios que as equipas identificaram na área metropolitana de Manila.

1.3 Desenvolvimento urbano sustentável - os ODS em perspetiva

Desde a realização da Conferência das Nações Unidas sobre Desenvolvimento Sustentável, a Conferência Rio+20, no Rio de Janeiro, em junho de 2012, o desenvolvimento sustentável tem permanecido no centro dos debates sobre o desenvolvimento global. A redução da pobreza também continuou a ter um papel importante no processo. O documento final da conferência, o "Futuro que Queremos", informou as iniciativas que levaram à criação do Grupo de Trabalho Aberto sobre os Objectivos de Desenvolvimento Sustentável. Este foi criado em 22 de janeiro de 2013 pela decisão 67/555 da Assembleia Geral das Nações Unidas (Assembleia Geral das Nações Unidas, 2013). Este grupo deu início a um processo de deliberações aprofundadas a nível mundial, incluindo discussões regionais e sub-regionais com governos, instituições de investigação, parceiros doadores, universidades, investigadores, organizações não governamentais, organizações da sociedade civil e o sector privado, sobre o que os ODS devem abranger (Assembleia Geral das Nações Unidas, 2014). Todas estas deliberações conduziram a um relatório e a uma proposta para os ODS.

Os ODS foram aceites e adoptados pela Assembleia Geral das Nações Unidas em setembro de 2015, em Nova Iorque. Informada pelas lições das limitações, lacunas e metas não alcançadas do seu antecessor, os Objectivos de Desenvolvimento do Milénio (ODM), a nova agenda é sustentada pelo mantra "não deixar ninguém para trás". A prosperidade e a necessidade de desenvolvimento sustentável fazem parte dos valores fundamentais dos ODS para erradicar todas as formas e dimensões da pobreza a nível mundial.

Os ODS consistem em 17 objectivos e 169 metas que abrangem todas as facetas do desenvolvimento humano (Departamento de Assuntos Económicos e Sociais das Nações Unidas, 2015). São cinco os pilares que sustentam estes objectivos, nomeadamente: pessoas, planeta, prosperidade, paz e parceria. Além disso, as preocupações com o desenvolvimento económico, a urbanização, as alterações climáticas e a sustentabilidade estão na base destes 17 objectivos.

1.4 O nexo: A gestão ambiental urbana e os ODS

Nos últimos trinta anos, assistiu-se a mudanças dramáticas nos debates sobre o ambiente, com especial ênfase na forma como as áreas urbanas, as cidades e as vilas afectam o ambiente natural e a sua sustentabilidade. As preocupações com a forma como as áreas urbanas estão a crescer e a expandir-se fisicamente tornaram-se críticas porque as cidades e vilas, embora continuem a ser o centro da civilização, da inovação e da prosperidade económica, são também centros de problemas humanos concentrados (Burgess e Venables, 2004; Royal Commission on Environmental Pollution, 2007). Questões relacionadas com energia, alimentação, água, saneamento adequado, abrigo e emprego são algumas das preocupações que este rápido crescimento e expansão apresentam. Impulsionados pela rápida urbanização, especialmente nos países considerados do chamado sul global, prevê-se que, se estes desafios não forem enfrentados de frente, as ramificações serão terríveis. Uma das formas de o fazer é, então, através da gestão do ambiente urbano.

Shimomura e Matsumoto (2010) identificam uma ligação entre os ambientes urbanos e a política urbana. Desde os séculos XIX e XX, e especialmente no século XXI, a rápida urbanização e as alterações climáticas e, atualmente, a migração global deram um impulso à gestão do ambiente urbano. As questões de sobrelotação, poluição atmosférica, água e saneamento, habitação, bem-estar económico, transportes, energia e atratividade geral das zonas urbanas, bem como a disponibilidade de amenidades naturais, tornaram-se centrais para a gestão ambiental urbana. Evidentemente, o ambiente urbano engloba uma multiplicidade de questões críticas. Por vezes, o termo "ambiente" em "ambiente urbano" pode ser definido de forma estrita em relação ao ambiente natural, abrangendo a água, o solo, a flora, a fauna e o ar, entre outras questões de biodiversidade. Ao mesmo tempo, o "ambiente" também pode ser concetualmente mais amplo (Satterthwaite, 1999) para abranger questões relacionadas com as dimensões físicas, sociais, económicas, institucionais e culturais dos problemas ambientais urbanos (Royal Commission on Environmental Pollution, 2007; Shimomura e Matsumoto, 2010). Embora possa ser assim, definir o ambiente urbano de forma demasiado ampla pode também levantar problemas diferentes, uma vez que qualquer intervenção de desenvolvimento urbano pode então ser considerada como uma abordagem aos problemas ambientais urbanos (Satterthwaite, 1999).

À medida que os ambientes urbanos se tornam cada vez mais uma questão central no século XXI, agravada pela rápida urbanização e pelas alterações climáticas, a adoção da gestão ambiental urbana

As iniciativas são cruciais . Tal deve-se ao facto de a gestão ambiental urbana proporcionar um quadro para a integração de uma multiplicidade de questões com que as zonas urbanas se confrontam através do planeamento e desenvolvimento urbanos. Diferentes instrumentos relacionados com o processo, planeamento e gestão dos desafios ambientais urbanos podem ajudar as cidades a promover a gestão ambiental urbana. O sucesso destes instrumentos, para além de outras intervenções, provará se estão a ser feitos progressos na prevenção, mitigação e gestão dos desafios ambientais urbanos (Cities Alliance, 2007).

A gestão ambiental urbana proporciona um quadro para a promoção de ambientes urbanos sustentáveis. Conforme indicado anteriormente, as zonas urbanas têm sido, ao longo da história, centros de prosperidade e, ao mesmo tempo, de concentração de pobreza. Com mais de metade da população mundial a viver atualmente em zonas urbanas, e com projecções de 70% até 2050 (Fundo das Nações Unidas para a População, 2007), a gestão ambiental urbana continuará a ser relevante e crucial para a gestão dos desafios ambientais urbanos.

Isto é tanto mais verdade quanto as zonas urbanas continuam a ser fundamentais na luta pela promoção do desenvolvimento sustentável no século XXI. As zonas urbanas ocupam apenas 2% do território mundial, mas são responsáveis pelo consumo de mais de 75% dos recursos da Terra. O pior é que também produzem 75% do total de resíduos gerados a nível mundial (Girardet, 1999; Desai e Riddlestone, 2002). Os problemas ambientais urbanos são "perversos" (Webber, 1973) e exigem uma ação iminente (Royal Commission on Environmental Pollution, 2007). Com a rápida urbanização e as alterações climáticas, é evidente que os desafios urbanos se tornarão ainda mais graves se não forem tomadas medidas agora.

É por esta razão que os ODS apresentam um paradigma crítico na resposta aos desafios globais, não só para as áreas urbanas, mas para os seres humanos em geral. Como um quadro para a promoção do desenvolvimento sustentável, os ODS também fornecem um paradigma multidimensional para a ação imediata entre 2015 e 2030 para enfrentar os desafios sociais, económicos, ambientais e institucionais. Os esforços e o sucesso do seu antecessor, os ODM, indicam que é possível reunir uma dinâmica global para promover o desenvolvimento a nível nacional, regional e local da ação de desenvolvimento.

A gestão ambiental urbana e os ODS abrangem questões semelhantes. Em primeiro lugar, ambos são conceitos multidimensionais e têm como objetivo promover o desenvolvimento humano e reduzir a pobreza. Em segundo lugar, ambos os conceitos valorizam as inter-relações entre os ambientes natural e construído. Em terceiro lugar, ambos os conceitos são fundamentais para a luta global contra as alterações climáticas e a urbanização descontrolada e aleatória, promovendo assim a sustentabilidade. A diferença é que, enquanto a gestão ambiental urbana fornece um quadro para responder aos desafios urbanos, os ODS fornecem um quadro que é aplicável a todos os níveis de ação de desenvolvimento. Por outras palavras, os ODS têm um âmbito de aplicação maior do que a gestão ambiental urbana e enfrentam mais questões de desenvolvimento. A Figura 1.4 apresenta um quadro concetual que engloba a relação entre a gestão ambiental urbana, tal como adoptada neste livro, e os ODS. Deve-se notar que, embora o escopo conceitual da gestão ambiental urbana possa ser expandido, o foco aqui é em seis questões principais, a saber: pobreza, alívio, indústria, transporte, água, esgoto e saneamento, indústria e finanças.

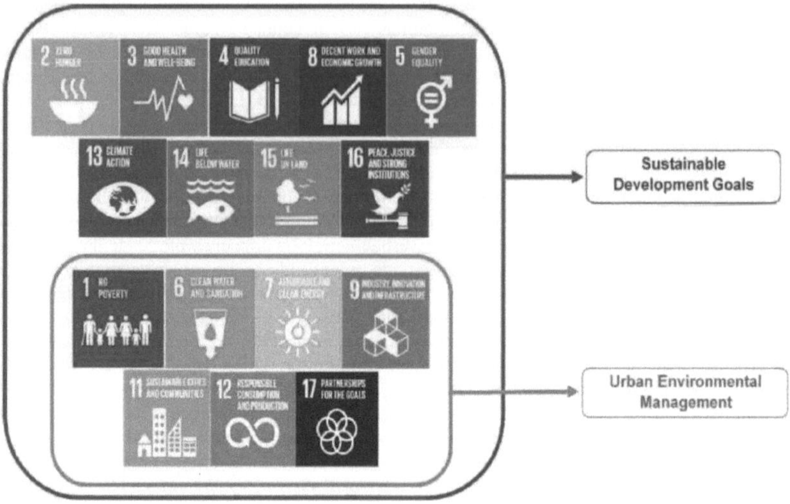

Quadro 1.4: Gestão Ambiental Urbana como adotada neste livro e sua relação com os ODS
Fonte: Ilustração do autor do capítulo

1.5 Implicações para a gestão ambiental urbana na área metropolitana de Manila

Em primeiro lugar, é evidente que, à medida que as cidades crescem, uma das consequências será a necessidade de melhorar as infra-estruturas disponíveis para os residentes. As estradas, os caminhos-de-ferro e os serviços de utilidade pública que permitem o fluxo de bens e serviços são vitais para a promoção das actividades económicas. Ao mesmo tempo, estas infra-estruturas colocam desafios ambientais, como as emissões de dióxido de carbono, que têm graves implicações na poluição atmosférica e nas alterações climáticas.

Com o aumento da população e a expansão das cidades, há também uma maior pressão sobre os serviços de utilidade pública, nomeadamente o abastecimento de água, o saneamento e a energia, uma vez que muitos habitantes das cidades dependem de aparelhos modernos para as suas actividades domésticas. A concentração de actividades humanas e de casas também leva a uma concentração de calor, uma vez que muitas pessoas nos trópicos tendem a utilizar mais energia como forma de arrefecimento através da utilização de ventoinhas e aparelhos de ar condicionado. Tudo isto exerce uma enorme pressão sobre os fornecedores de serviços públicos e os gestores das cidades. Além disso, são gerados mais resíduos e muitas deslocações são feitas de carro, o que piora as condições ambientais das zonas urbanas.

Felizmente, existe uma forte ligação entre os problemas ambientais e as suas potenciais soluções, dado que estas são impulsionadas pela natureza dinâmica dos estilos de vida urbanos. Por estas razões, a gestão do ambiente urbano proporciona oportunidades para melhorar a qualidade de vida dos habitantes das cidades. Por exemplo, quando as cidades abordam a questão dos transportes, podem simultaneamente reduzir a poluição atmosférica e aumentar a oferta de sistemas de transporte alternativos, como a bicicleta e os transportes colectivos.

Como a discussão anterior demonstrou que os quadros da gestão ambiental urbana e dos ODS são multidimensionais e estão interligados, a mitigação dos desafios ambientais urbanos na área metropolitana de Manila exige, portanto, que as intervenções sejam multidimensionais e baseadas na interligação destas questões. A ligação entre estes dois quadros reforça a abordagem e a compreensão das potenciais acções que podem ser tomadas para gerir o ambiente urbano na área metropolitana de Manila. Uma vez que este livro se concentra no quadro de gestão do ambiente urbano, as questões e acções que foram concebidas pelas diferentes equipas sectoriais estão orientadas para a promoção de um ambiente sustentável e habitável para os habitantes da área metropolitana de Manila.

>

CAPÍTULO 2

REDUÇÃO DA POBREZA

Fonte: Jay Plogman Photography http://www.jayplogman.com, 2007

Samantha McLean
Alexandre Pires Marques

2.1 Declaração do problema

Ao criar um plano ambiental para uma área urbana, especialmente num país em desenvolvimento, é importante considerar todos os actores da cidade e a forma como utilizam o seu ambiente. Muitas vezes, os habitantes das cidades com baixos rendimentos estão sub-representados nos planos e nas instituições municipais. No entanto, seria negligente não considerar esta população na área metropolitana de Manila. Considera-se que 3,9% da população da área metropolitana de Manila vive na pobreza (The Borgen Project, 2013). Desde o final da década de 1980, as Filipinas têm registado um rápido crescimento demográfico e um lento crescimento económico per capita, tendo este último começado a recuperar significativamente na última década. Estes factores, combinados com políticas económicas ineficazes e com a falta de programas sociais robustos para os pobres, conduziram a elevados níveis de desigualdade de rendimentos (Buentjen, 2011). Esta disparidade é visível de forma flagrante na região metropolitana de Manila.

Figura 2.1: Bairros de lata à volta de edifícios altos na área metropolitana de Manila
Fonte: *Philippine Daily Inquirer*, 2015

Para fazer face a esta disparidade, a Autoridade Nacional para a Economia e o Desenvolvimento das Filipinas criou, em 2011, o Plano de Desenvolvimento das Filipinas 2011-2016. As prioridades do plano residem no crescimento económico inclusivo e na melhoria da transparência governamental (NEDA, 2011). Este plano, conhecido como o contrato social do governo com o povo filipino, estabelece uma visão para o desenvolvimento e a programação da redução da pobreza em todo o país. Embora poderoso na criação de uma

mensagem unificada, o plano pouco faz para se concentrar em questões específicas da pobreza urbana na região metropolitana de Manila e, por conseguinte, não criou programas sustentáveis para resolver a desigualdade. Na NCR, foram identificadas três áreas problemáticas prioritárias: condições de habitação nos aglomerados informais, acesso a água potável e falta de segurança no emprego no sector informal.
Neste capítulo, as três áreas prioritárias são exploradas em mais pormenor, fornecendo o contexto e os antecedentes da área em questão, juntamente com as intervenções de alívio da pobreza para abordar estas questões que perpetuam a pobreza e a desigualdade de rendimentos na área metropolitana de Manila.

2.2 Contexto da pobreza na região metropolitana de Manila

O economista Amartya Sen definiu três conceitos principais de pobreza: um conceito de rendimento, um conceito de necessidades básicas e um conceito de capacidade (Anaafo, 2014). Cada conceito classifica a pobreza de forma diferente. O conceito de rendimento afirma que um determinado nível de rendimento indica pobreza, o conceito de necessidades básicas apresenta a pobreza como a falta de necessidades básicas materiais (alimentação, abrigo, etc.) e o conceito de capacidade define a pobreza como a incapacidade de alcançar o funcionamento básico em ambientes sociais (Ibid.). Cada um destes conceitos de pobreza é evidenciado pela situação dos pobres na região metropolitana de Manila.
As Filipinas têm lutado para reduzir as taxas de pobreza, apesar do crescimento económico na última década. O Banco Asiático de Desenvolvimento cita a rápida urbanização como uma das causas que contribuem para as taxas de pobreza no país (Buentjen, 2011). Em 2015, a taxa de urbanização nas Filipinas era de 1,32%, com 44,4% da população a viver numa zona urbana (CIA, 2015). Como referido, existe uma grande desigualdade de rendimentos nestas zonas urbanas devido à falta de acesso a oportunidades e recursos. As causas profundas desta desigualdade residem na incapacidade de satisfazer as necessidades básicas, na má governação e responsabilização e na falta de acesso ao capital.

2.2.1 Pobreza, género e sector informal

Um inquérito para identificar as preocupações prementes dos cidadãos na região metropolitana de Manila revelou que os residentes com baixos rendimentos identificaram a falta de segurança no emprego e a insuficiência de recursos financeiros como as principais preocupações (Illy, 1986). A falta de segurança no emprego e a falta de acesso ao capital são frequentes entre as populações com baixos rendimentos, muitas das quais participam no sector do trabalho informal. Nos aglomerados populacionais deprimidos, 16% definem a sua situação laboral como não registada, 18,6% consideram-se parte da economia informal, 39% estão desempregados e 16,7% trabalham a tempo parcial (Ragragio, 2003). Muitos indivíduos pobres oscilam entre vários estatutos profissionais. O sector informal inclui, entre outros, a venda ambulante, o trabalho doméstico, a construção civil, o artesanato e o trabalho por conta própria. Ao longo das últimas décadas, os vendedores ambulantes têm sido vistos pelo governo como uma ameaça à paisagem urbana. Historicamente, os programas governamentais centraram-se na deslocalização e na criminalização dos trabalhadores do sector informal, em vez de abordarem o problema através de mudanças estruturais (Illy, 1986). Nos últimos anos, o governo aprovou legislação, como a "Carta Magna para os Trabalhadores da Economia Informal (2013)" e o Projeto de Lei da Câmara 968, "Uma Lei que Prevê a Segurança e a Proteção dos Vendedores no Local de Trabalho e para Outros Fins (2012)" que, em teoria, proporcionou a segurança dos trabalhadores do setor informal. Estas leis forneceram orientações sobre a inclusão do sector informal no processo de formação de políticas ao nível do governo local; no entanto, não foram adoptadas por muitas unidades governamentais locais (LGUs). Para garantir a segurança do emprego no sector informal, as políticas criadas a nível nacional têm de ser implementadas a nível do governo local. Para que essas políticas sejam promulgadas pelas LGUs, são necessários esforços de defesa. Existe uma grande lacuna de representação entre os participantes da economia informal. Devido a esta lacuna, é difícil para os trabalhadores do sector informal defenderem a sua proteção, o acesso ao capital, a programas de formação e a outros serviços sociais (Ragragio, 2003).
As mulheres constituem mais de metade da economia informal na região metropolitana de Manila (Frianeza, 2012). Nos últimos anos, tem sido sublinhado que a plena participação das mulheres em todos os aspectos da vida - económicos, políticos e outros - é fundamental para o desenvolvimento bem-sucedido de um país. As mulheres são muitas vezes relegadas para a economia informal devido a construções culturais que exigem que elas cumpram as responsabilidades domésticas e sufocam as suas hipóteses de obter um elevado nível de educação. Como resultado, a economia informal oferece uma oportunidade para as mulheres trabalharem em torno das suas obrigações familiares em empregos pouco qualificados (Moser e McIlwaine, 1997). Muitas destas mulheres tiram partido da sua situação, criando também empresas domésticas. No entanto, são a população mais vulnerável da economia do sector informal e muitas não têm capacidade para aceder ao crédito ou ao capital de arranque (Bonnin, 2004).

2.2.2 Preocupações com a habitação dos pobres na região metropolitana de Manila

A urbanização das Filipinas tem uma hierarquia distinta de povoações. A paisagem da NCR é caracterizada por grandes elevações de cidadãos com rendimentos moderados e elevados e por bairros de lata informais dos cidadãos que vivem na pobreza. A hierarquia das povoações é muito evidente, com uma elevada concentração da população num pequeno número de centros urbanos.

A privação na região metropolitana de Manila baseia-se no rendimento, como já foi referido, e nas infra-estruturas. A região não estava preparada para o ritmo acelerado e o elevado nível de urbanização que exerceram uma enorme pressão sobre as infra-estruturas e os serviços básicos da megacidade. Esta falta de acesso a infra-estruturas e serviços básicos levou ao crescimento de aglomerados populacionais não regulamentados ou bairros de lata. O governo filipino tem tolerado o crescimento dos bairros degradados, uma vez que o mercado da habitação não tem sido capaz de acompanhar a procura de habitação urbana, especialmente na área metropolitana de Manila (Banco Mundial, 2011).

A área metropolitana de Manila, tal como outras megacidades dos países em desenvolvimento, tem registado um rápido crescimento urbano, elevadas densidades populacionais, um aumento da pobreza e uma escalada dos preços dos terrenos. Estas forças conduziram a uma escassez crítica de terrenos a preços acessíveis para habitação, deixando a maioria dos pobres urbanos a viver sob uma ameaça constante de despejo em aglomerados não autorizados (Porio, 2003). Estas forças contribuíram largamente para a proliferação de comunidades urbanas pobres na metrópole. A insegurança da posse cria ciclos de vulnerabilidade, que são ampliados em assentamentos propensos a desastres naturais. As pessoas deslocadas que não têm direito à terra são mais susceptíveis de:

- Caem na pobreza, uma vez que os despejos - ou a ameaça de despejo - impedem a restauração dos meios de subsistência;
- Regressar dos locais de deslocação ou relocalização para terrenos não seguros, e
- Formar um número residual de casos de grupos de sem-terra sem acesso à terra e à habitação permanente.

As calamidades proporcionam oportunidades para a especulação e a apropriação de terras em resultado da deslocação de populações e de programas de realojamento em massa. Tanto nas zonas urbanas como nas rurais, as mulheres enfrentam riscos particulares de exclusão ou marginalização, apesar das políticas que garantem o seu direito aos direitos de propriedade e à posse da terra. As pessoas com formas de posse inseguras correm maior risco de despejo quando os seus esforços para regressar, reparar e reconstruir as suas casas são impedidos. Além disso, a especulação fundiária é uma das causas da incidência de ameaças contínuas de despejos injustificados, sobretudo quando a terra é valorizada para outros fins, como o turismo.

Os bairros de lata caracterizam-se pelas condições de vida mais inseguras e insalubres das zonas urbanas. São locais densamente povoados com habitações precárias num ambiente fisicamente deteriorado que carece ou tem serviços públicos mal mantidos, tais como estradas, um sistema de esgotos, eliminação de lixo, eletricidade e água. Alguns bairros de lata são formados em locais perigosos e altamente susceptíveis a catástrofes naturais (UN-Habitat, 2003). A UN-Habitat define um bairro de lata como qualquer espaço habitacional que não possua dois dos seguintes factores

- Alojamento duradouro: Uma estrutura de habitação permanente com paredes duráveis, um telhado e estruturas de pavimento num local não perigoso;
- Espaço de vida adequado: Não mais do que duas pessoas a partilhar o mesmo quarto;
- Instalações de excreção minimamente higiénicas ("saneamento melhorado"): Sob a forma de uma casa de banho privada ou de uma casa de banho pública partilhada por um número razoável de pessoas;
- Água potável: Acesso a quantidades suficientes de água para uso familiar a um preço acessível, sem estar sujeito a esforços extremos, e
- Direitos de propriedade: o direito de possuir bens.

Embora os bairros degradados tenham atributos físicos semelhantes, os seus contextos e problemas ambientais podem ser diferentes. Os bairros de lata podem ser agrupados com base nos principais riscos do ambiente. Especificamente, na região metropolitana de Manila, existem quatro tipos principais de bairros degradados: (1) comunidades de bairros de lata situadas ao longo das margens dos rios, que são frequentemente afectadas por tufões e marés vivas; (2) bairros de lata ao longo das linhas costeiras ou litorais, que são afectados por chuvas sazonais, marés vivas e erosão; (3) bairros de lata situados em lixeiras, que são comunidades que se desenvolveram em lixeiras abertas ou em aterros sanitários, em que a maioria das famílias sobrevive da recolha de lixo, e (4) bairros de lata situados ao longo das principais auto-estradas, que se situam ao longo de estradas com muito tráfego e nas esquinas. Os principais problemas ambientais que têm um impacto significativo na vida das pessoas que vivem nestas comunidades são o congestionamento, as inundações e a poluição da água, do ar e sonora.

2.2.3 Preocupações com a água para os pobres na região metropolitana de Manila

A habitação inadequada não é o único problema que os habitantes dos bairros de lata enfrentam nos seus bairros. O acesso à água potável é uma luta constante. A qualidade da água da Baía de Manila tem vindo a deteriorar-se continuamente devido ao aumento das descargas de fontes domésticas e industriais, bem como ao escoamento urbano e agrícola. As actividades marítimas (por exemplo, portos, navios e aquacultura) também contribuem para o aumento da carga poluente da baía (Selvanayagam, 2012). A má qualidade da água dos rios pode ser atribuída à inadequação dos sistemas de esgotos existentes na área metropolitana de Manila e às águas residuais não tratadas descarregadas de fontes domésticas, agrícolas, comerciais e industriais nas bacias hidrográficas que acabam por desaguar na Baía de Manila.

As pessoas que vivem em bairros de lata e em povoações informais têm um acesso limitado à água potável. As autoridades governamentais recusam-se muitas vezes a alargar os serviços de água às zonas de ocupação porque receiam que isso possa ser interpretado como um reconhecimento da posse ilegítima dos colonos informais. Os bairros de lata congestionados e as áreas ocupadas são muitas vezes inacessíveis e difíceis de servir. Estas comunidades não dispõem de espaço adequado para instalar tubagens de distribuição e redes de estradas que possam ser utilizadas por camiões de serviço para a cobrança regular de taxas de água e para a manutenção adequada do sistema. As autoridades responsáveis pela água queixam-se de que é extremamente difícil gerir os serviços de água em bairros degradados e comunidades ocupadas (Frenoy, 2012). Afirmam que os residentes dos bairros degradados e das áreas ocupadas se envolvem em actividades ilegais, tais como adulterar contadores de água, estabelecer ligações ilegais à rede de água, roubar água das bocas de incêndio e ameaçar os inspectores de água com lesões corporais se tentarem proibir estas actividades. Também receiam que os habitantes dos bairros degradados e os ocupantes não tenham dinheiro suficiente para pagar regularmente as taxas de água e de saneamento. Consequentemente, muitos habitantes dos bairros de lata não têm acesso a água corrente. Consequentemente, são construídos poços ou bombas na comunidade, e as pessoas têm acesso à água desta forma, ou através da recolha direta dos cursos de água poluídos.

2.3 Titulação de terras para a segurança das habitações em bairros degradados

Este projeto, o primeiro de cinco propostos neste capítulo, seria realizado em parceria com a USAID, a Agência dos Estados Unidos para o Desenvolvimento Internacional. A USAID conseguiu implementar um projeto semelhante na Tanzânia, que arrancou em 2014. Este projeto utiliza tecnologia móvel para o mapeamento de terras. A abordagem da "aplicação" combina tecnologias móveis relativamente baratas e prontamente disponíveis (por exemplo, smartphones e tablets com GPS/GNSS) com métodos de recolha de dados amplamente participativos e de origem colectiva em locais mal servidos. A abordagem permitiria formar os membros da comunidade local para utilizarem a tecnologia desenvolvida para o efeito para recolher informações sobre os direitos e a posse da terra (USAID, 2014).

Seria desenvolvida uma aplicação capaz de funcionar em qualquer dispositivo inteligente, com o objetivo de criar uma abordagem participativa para a recolha de informações sobre os direitos fundiários, bem como de fornecer uma metodologia de baixo custo para construir rapidamente uma base de dados fiável de reivindicações de direitos fundiários. Para o mapeamento, seria necessário um telemóvel inteligente ou um aparelho portátil. A posse da terra é uma questão importante na NCR; por isso, seria importante que os habitantes dos assentamentos informais fossem educados sobre a importância da titulação da terra, em vez de permanecerem em condições precárias e instáveis.

Esta aplicação poderá ser particularmente útil para o Governo das Filipinas como alternativa a intervenções mais tradicionais e mais dispendiosas no domínio da administração fundiária. Os sistemas formais de administração fundiária nas Filipinas não satisfizeram, de um modo geral, a necessidade de um registo fundiário acessível, rentável e com as nuances adequadas. Como resultado, a grande maioria dos assentamentos informais vive sem direitos formalizados à terra e a outros recursos valiosos. Esta falta de documentação limita a capacidade dos indivíduos e das comunidades de desenvolverem um sentimento de pertença, o que resulta em acomodações privadas e instabilidades sociais entre os cidadãos pobres da região metropolitana de Manila.

2.3.1 A aplicação relativa à posse de terrenos na área metropolitana de Manila - Implementação

Esta aplicação aumentaria a segurança da posse da terra para os habitantes dos bairros degradados. A recolha de dados seria feita inicialmente através de uma equipa nomeada por membros da comunidade e por funcionários da USAID no terreno. Seria nomeada uma equipa de dez funcionários da comunidade local para

o primeiro e segundo anos, com a adição de mais cinco funcionários no terceiro ano. Os membros da equipa seriam constituídos por residentes locais ou representantes de associações, para dar ênfase ao planeamento participativo e ao envolvimento local. A equipa visitaria o local com materiais publicitários e tutoriais em vídeo para explicar à comunidade a importância e os benefícios da titulação de terras. Uma vez terminados os tutoriais, um aparelho telefónico e um pacote informativo seriam entregues aos representantes responsáveis da povoação. Nessa altura, a equipa da linha da frente utilizava a própria aplicação e ajudava as famílias com o mapeamento, encaminhando-as para locais centrais em toda a cidade, onde podiam enviar a informação para a nuvem. As informações na nuvem ajudariam as autoridades locais e a administração da cidade a conceder um certificado de titulação de terras. Para além da publicidade local feita porta a porta nas áreas de assentamento informal, os meios de comunicação locais seriam uma forma poderosa de envolver mais membros da comunidade.
A iniciativa não seria obrigatória; no entanto, haveria incentivos para envolver a comunidade. A equipa ofereceria a cada agregado familiar um aparelho telefónico que poderia ser guardado após a conclusão da cartografia. O mapeamento seria feito offline e guardado no dispositivo que, uma vez ligado a um ponto de servidor de Internet, seria desbloqueado para utilização normal. A informação seria guardada numa nuvem de dados onde seria transmitida à autoridade local para emitir um documento de posse de terra. Neste projeto, não só seria oferecida cartografia, mas também uma redução significativa do custo do processo de titulação de terras.
Cada equipa seria responsável por divulgar a informação de que os benefícios da titulação das terras são maiores do que permanecer numa condição pobre e instável ou viver num ambiente instável. Para além de receberem um aparelho como incentivo, os participantes receberiam um Cartão de Cidadão Comunitário que lhes permitiria obter descontos no comércio local e benefícios que poderiam ser utilizados noutros projectos da comunidade local. Para facilitar o funcionamento do cartão, seria aplicado um sistema de recolha e recompensa.
Depois de os participantes mapearem a sua propriedade, esta informação seria transferida para a nuvem a partir dos seus telemóveis, que poderiam ser sincronizados quando estivessem perto de qualquer centro ou estação de Internet. Assim que os dados fossem enviados para o organismo governamental, seria iniciado um processo de titulação das terras. Os participantes receberiam o título de propriedade por 25% do preço real, como mais um incentivo para participar no programa.
O projeto seria dividido em três fases e repartido por dois a três anos. Durante a primeira e a segunda fases, seriam nomeados dez funcionários por ano, com o compromisso de trabalhar com a comunidade local no ensino e no apoio ao sistema de funcionamento da própria aplicação. A terceira e última fase seria reforçada com a nomeação de mais cinco funcionários que, nessa altura, iriam monitorizar e avaliar os resultados do projeto como um todo.

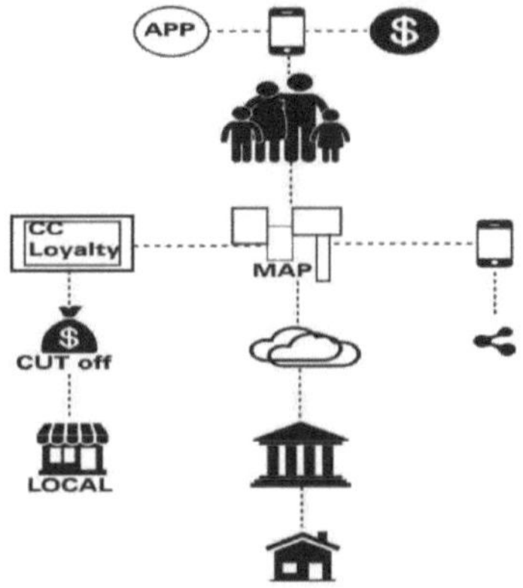

Figura 2.2: Processo de aplicação da posse da terra

Fonte: Autores do capítulo

2.3.2 Resultados

A titulação da terra não seria apenas benéfica para os residentes, mas para a comunidade como um todo. Tem-se verificado repetidamente nos países em desenvolvimento que a pobreza não pode ser tratada através de programas de transferência direta de dinheiro. São necessárias abordagens mais integradoras. A resolução da questão da posse da terra não só traria benefícios físicos em termos de terra/casa, como também traria benefícios indirectos para a educação e a saúde.

2.4 Melhorias na habitação: Programa de reabilitação de bairros degradados

A questão principal da melhoria dos bairros degradados está relacionada com o número crescente de residentes urbanos e com a forma como os serviços de habitação e de infra-estruturas podem ser financiados para as gerações urbanas futuras. A requalificação dos bairros degradados pode ser complexa e pouco clara, porque é necessário abordar várias componentes inter-relacionadas, incluindo o ambiente físico e social, que implicam consequências financeiras significativamente diferentes: (a) componentes de infra-estruturas como habitação, água, saneamento, estradas e caminhos, drenagem de águas pluviais, iluminação ou telefones públicos; (b) componentes de serviços como recolha de resíduos, escolas, centros médicos e, (c) outros serviços como edifícios comunitários, espaços públicos e programas de construção da paz e de redução da pobreza. Os assentamentos informais são partes não planeadas, densamente povoadas e negligenciadas das cidades, onde as condições de vida são extremamente pobres (Sticzay, 2015). Grande parte do parque habitacional nesses assentamentos informais é inadequado e inseguro; portanto, são necessárias melhorias físicas na habitação, em parceria com a construção da comunidade. O processo de urbanização de bairros degradados envolve a melhoria dos ambientes físico e social. Os projectos mostram que as parcerias tri-sectoriais, incluindo o Estado, o sector privado e o sector não lucrativo, têm de cooperar para gerir eficazmente um programa de melhoria dos bairros degradados. Embora as partes enumeradas demonstrem empenhamento, as necessidades urgentes dos habitantes dos bairros degradados e das comunidades locais também têm de ser consideradas. Para que a requalificação dos bairros degradados seja bem sucedida a longo prazo, todas as decisões financeiras, institucionais e regulamentares devem ter em conta um planeamento duradouro e estratégico (Programa Vivenda, 2014).

Viver em maus ambientes priva as pessoas de uma qualidade de vida que lhes permite ter melhores rendimentos e um emprego remunerado. Em particular, os maus ambientes reduzem a saúde física e mental das famílias, o que afecta negativamente a produtividade, diminui o desempenho das crianças nas escolas e aumenta a vulnerabilidade ao crime e à violência (Banco Mundial, 2011). Como a relocalização nem sempre é a alternativa preferida, a requalificação dos bairros degradados e a melhoria do parque habitacional informal representam abordagens viáveis. Isto é especialmente verdade quando se considera que as famílias pobres que vivem na área metropolitana de Manila utilizam frequentemente as suas próprias poupanças, bem como a sua própria mão de obra, para a construção e remodelação das suas casas. No entanto, as famílias pobres precisam de ter a possibilidade de se ajudarem a si próprias.

2.4.1 Implementação do projeto de reabilitação de bairros degradados

O segundo projeto proposto neste capítulo, o Slum Upgrading Project (SUP), é uma iniciativa de investidores privados, organizações de ajuda internacional e autoridades locais com o objetivo de criar pequenos escritórios que seriam instalados nas áreas de assentamento informal. Os projectos de urbanização de bairros degradados são muito populares em São Paulo, no Brasil. Projectos como o "Programa Vivenda" já ajudaram cerca de 100 aglomerados informais nas zonas carenciadas da cidade com a renovação de unidades de acordo com a sua necessidade e prioridade. Com apoio económico e um período de reembolso acessível, esta é uma excelente alternativa para os habitantes dos bairros de lata da região metropolitana de Manila melhorarem as suas condições de vida. Estes gabinetes ofereceriam à comunidade a facilitação de linhas de crédito com um limite máximo de 5 000 dólares por agregado familiar para melhorar as condições de vida, com uma expetativa de reembolso de 10 anos. Os gabinetes seriam constituídos por uma equipa de jovens arquitectos, engenheiros e profissionais da área da construção, que executariam a melhoria de forma rápida e eficaz nos aglomerados informais. Ao mesmo tempo, seria oferecida formação aos participantes para melhorar as técnicas de construção e gerar crescimento económico dentro das áreas de assentamento informal.

Os gabinetes seriam construídos com materiais sustentáveis, numa localização estratégica e de fácil acesso para os participantes. No gabinete, haveria um arquiteto e um engenheiro, que dirigiriam o gabinete, com dois assistentes e uma pessoa administrativa. O projeto centrar-se-ia nas áreas da NCR com o maior número de assentamentos informais. Os gabinetes seriam construídos nas seguintes cidades: Cidade de Pasay, Cidade de Muntinlupa e Cidade de Mandaluyong (Nakamura, 2009). A execução do projeto teria a duração de dez anos, com o objetivo de construir cinco gabinetes que prestariam assistência e apoio à comunidade local.

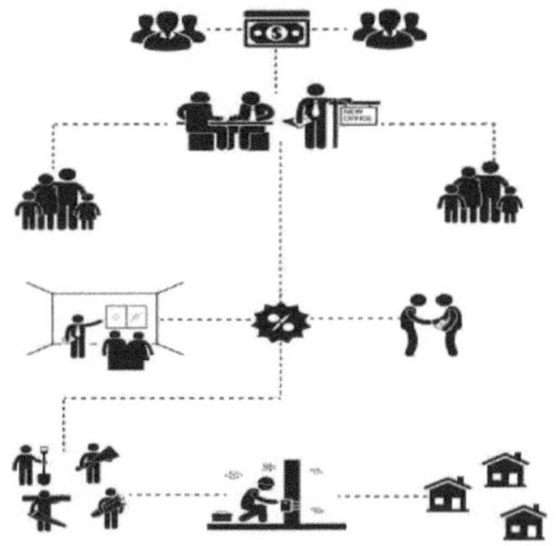

Figura 2.3: Processo SUP

Fonte: Autores do capítulo

2.4.2 Processo SUP

A execução do projeto teria uma duração de dez anos, com o objetivo de construir cinco gabinetes que prestariam assistência e apoio à comunidade local. Durante os primeiros seis meses do projeto, seria construído o primeiro gabinete e, ao mesmo tempo, seria lançada uma campanha de marketing nos bairros informais e nos meios de comunicação social locais. Nesta fase, a tónica do projeto seria a divulgação da mensagem de que seria concedido crédito a preços acessíveis aos participantes para a melhoria das instalações. Durante este período, a equipa do gabinete nomeado organizaria reuniões públicas e debates entre os residentes em espaços públicos ou pontos de encontro populares, a fim de divulgar a informação em todas as zonas desfavorecidas.

Uma vez construído o gabinete, seria distribuída informação pelos meios de comunicação locais e poderiam ser efectuadas as primeiras avaliações com os residentes, perguntando-lhes quais as suas prioridades e necessidades para um lugar melhor. Cada agregado familiar teria direito a uma remodelação que poderia ser coberta pelo montante máximo de 5.000 dólares. Este montante seria financiado pelo Departamento de Assistência e Desenvolvimento Social das Filipinas. Será discutido com os participantes um plano de pagamento. Os pagamentos mensais seriam efectuados até à liquidação do empréstimo. O plano poderia ser elaborado para um a dez anos e basear-se-ia no rendimento familiar de cada família. Cada gabinete teria o objetivo de apoiar 150 famílias por ano com o programa, com a intenção de prestar apoio, durante um período de dez anos, a 7.500 famílias nos aglomerados informais da área metropolitana de Manila.

O período de renovação será concluído num prazo máximo de 15 dias. O objetivo do projeto é transmitir aos residentes a mensagem de que a reabilitação das suas casas é possível e acessível, desde que os profissionais certos estejam a bordo e o planeamento seja bem executado. Por esse motivo, a equipa de profissionais trabalhará com a comunidade para lhes fornecer, ou permitir que aprendam, diferentes competências e técnicas na indústria da construção fora dos aglomerados informais. Assim que os residentes aprendessem as competências, poderiam ser nomeados pela equipa de profissionais do gabinete para começarem a trabalhar na renovação das casas nos seus bairros.

O SUP é único porque oferece às povoações informais da NCR não só um programa de melhoramento de bairros degradados, mas também um enfoque na criação de novas oportunidades para os participantes desenvolverem novas competências e contribuírem para o crescimento económico da comunidade local. A falta de habitação está associada a problemas de saúde. A melhoria da saúde pode também levar a uma redução das faltas à escola ou ao trabalho (Banco Mundial, 2011). Um maior espaço habitacional utilizável pode levar a uma maior utilização da casa, permitir maiores níveis de privacidade e ajudar nas relações dentro de casa. São essenciais soluções inovadoras, como a combinação da venda de materiais de construção, a assistência técnica à auto-construção, a assistência ao crédito hipotecário e a educação financeira. A combinação da assistência técnica com o financiamento aumenta a qualidade e diminui os custos e o tempo necessários para a auto-construção. (Aspen Network, 2015).

2.5 Tratamento de água limpa com filtros de água cerâmicos

Como já foi referido, as pessoas que vivem nos bairros de lata têm um acesso limitado à água potável por várias razões, incluindo infra-estruturas deficientes e fontes de água poluídas. A fim de satisfazer as necessidades básicas dos habitantes dos bairros de lata e prevenir as doenças transmitidas pela água, é importante oferecer uma opção de baixo custo que lhes permita aceder a água potável.

2.5.1 Filtros de água de barro para acesso a água limpa

O fornecimento de infra-estruturas de água às povoações informais enfrenta muitos desafios e é muito dispendioso. Para fornecer uma solução rápida para o problema em causa e evitar doenças, o melhor caminho é fornecer filtros como forma de tratar a água.

Uma organização sem fins lucrativos sediada nos EUA, chamada Potters for Peace, foi pioneira num modelo de fabrico e distribuição de filtros de água de barro cerâmico de baixo custo. Rejeitam o modelo de "oferta" e optam por envolver os membros da comunidade. Ajudam as comunidades a criar pequenas instalações de produção e distribuição.

2.5.2 Implementação do modelo dos oleiros para a paz na região metropolitana de Manila

O modelo dos Oleiros para a Paz é tão bem sucedido porque não só fornece um meio de obter água limpa, como também proporciona desenvolvimento económico para os bairros. A utilização de argila de origem local e a formação de membros da comunidade para a construção dos filtros de água garantem um método sustentável e de baixo custo. Estes filtros de barro têm sido amplamente utilizados em toda a América do Sul e noutras partes do mundo em desenvolvimento.

A colaboração com a Potters for Peace seria necessária para a implementação deste projeto, que é o terceiro proposto neste capítulo. Esta colaboração forneceria o apoio e os conhecimentos necessários para desenvolver e estabelecer este projeto nas Filipinas.

O projeto na região metropolitana de Manila seria realizado ao longo de quatro anos. A infografia que explica o projeto é apresentada no Anexo 2.4.

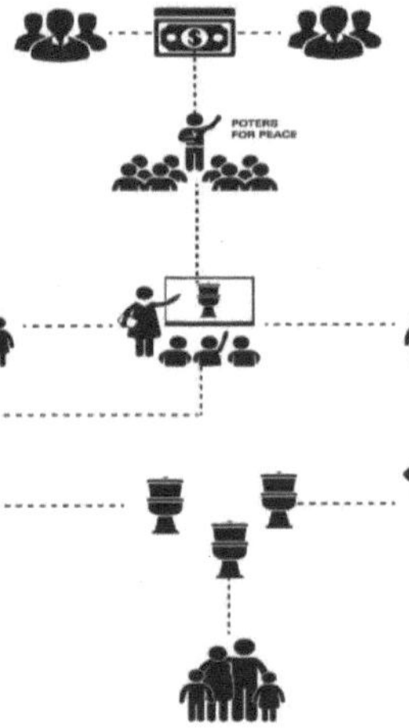

Figura 2.4: Processo de filtragem de água com argila

Fonte: Autores do capítulo

O projeto terá quatro fases principais, como se segue:

Fase 1: Divulgação com os Oleiros pela Paz

A primeira fase deste projeto envolveria a sensibilização dos Oleiros para a Paz em aglomerados informais, centrando-se em três áreas principais que têm a maior concentração de aglomerados informais na região metropolitana de Manila: Pasay City, Muntinlupa e Mandaluyong City (Nakamura, 9). A visão do projeto é construir cinco fábricas que possam produzir filtros de água para a população local, mas também investir no mercado retalhista, a fim de promover o crescimento económico.

Representantes de "Potters for Peace" visitariam os bairros identificados e estabeleceriam contactos com os líderes da comunidade local, talvez da igreja local ou da liga desportiva. Em parceria com os líderes locais, os Oleiros pela Paz realizariam sessões de informação para a comunidade sobre a utilização de filtros de argila.

Estas sessões seriam organizadas em instituições locais, tais como igrejas, centros de saúde e escolas. As sessões de informação explicariam o filtro de água e a forma como a organização gostaria de estabelecer uma parceria com a comunidade para construir uma fábrica de produção de filtros. No final da sessão, a instituição receberia um filtro como forma de agradecimento por permitir que a Potters for Peace utilizasse o seu espaço. Este presente também demonstraria à comunidade como os filtros são utilizados e como são benéficos. Esta fase duraria entre seis meses e um ano.

Fase 2: Construção da fábrica e recrutamento de trabalhadores

No total, seriam construídas cinco fábricas nos bairros identificados. A Potters for Peace contrataria membros da comunidade local para supervisionar o processo de construção e o processo de recrutamento de funcionários. Haveria um total de dez membros da equipa, dois para cada fábrica. Estes, por sua vez, contratariam 25 empregados para trabalhar na fábrica. Esta fase demoraria aproximadamente um ano.

Fase 3: Venda de filtros e possível expansão

Depois de as fábricas estarem a funcionar, poderá dar-se início à comercialização e venda de filtros. Os filtros seriam comercializados através de campanhas de marketing baseadas na comunidade. Os filtros teriam um custo inicial de $7,50 a $8,00, e este preço seria reduzido à medida que a procura aumentasse. O produto seria lançado com um programa de marketing em grande escala em locais-chave da comunidade, centrado na sensibilização e na motivação para a mudança de comportamentos. Se as vendas fossem impressionantes, os proprietários da fábrica poderiam optar por se expandir para outras áreas.

2.6 Programa do Ministério do Trabalho e Emprego para os Trabalhadores do Setor Informal: Uma avaliação e um plano

Como mencionado anteriormente, o palavreado em torno do sector do trabalho informal melhorou consideravelmente durante a última década com legislação como a "Carta Magna para os Trabalhadores da Economia Informal (2013)" e o Projeto de Lei da Câmara 968, "Uma Lei que prevê a segurança e a proteção dos vendedores no local de trabalho e para outros fins (2012)". No entanto, esta legislação teve pouco efeito no terreno.

O Departamento de Trabalho e Emprego (DOLE) tem sido um participante-chave na conceção de iniciativas para apoiar a economia informal e proteger os trabalhadores (Casanova-Dorotan et al., 2010). Em 2007, o DOLE, em parceria com as unidades governamentais locais (LGUs), o PNUD e a Organização Internacional do Trabalho (OIT), implementou o Programa Unlad Kabuhayan Laban sa Kahirapan (DOLE, 2007). O programa Worktrep visava reunir membros da economia informal e representantes das LGUs para colaborar e melhorar a situação socioeconómica dos trabalhadores do sector informal (SI). Worktrep é um acrónimo de "Work-entrepreneur".

O DOLE definiu os objectivos do programa como

1. Para garantir que os trabalhadores SI possam gerir as suas empresas de forma eficaz e competitiva ;
2. Tornar os trabalhadores das SI mais eficientes, evitando a perda de dias de trabalho devido a doenças, etc., e
3. Capacitar os trabalhadores da SI para obterem apoio do governo e de outras partes interessadas do sector privado (DOLE, 2007).

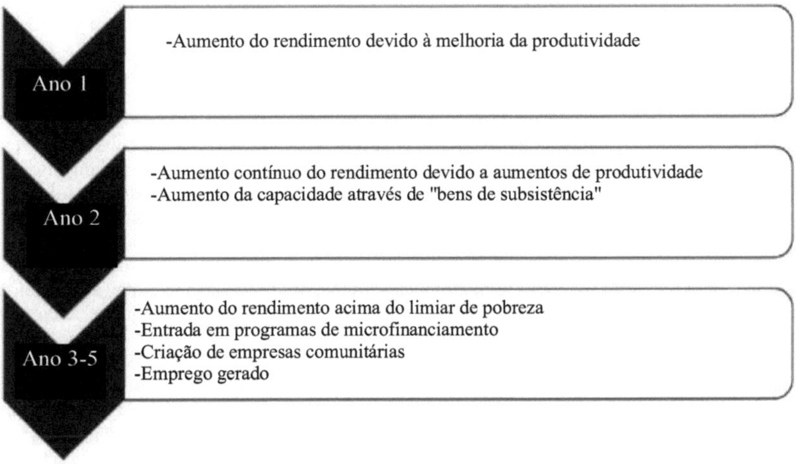

Figura 2.5: Resultados do programa Worktreps

Fonte: DOLE, 2007 **O DOLE depende fortemente das LGUs como parceiros de implementação do programa. A fim de os atrair e formar para participarem no programa**

No âmbito do programa Worktreps, o DOLE oferece formação para o desenvolvimento de capacidades e uma orientação para apresentar o programa aos trabalhadores das LGU.

De acordo com o DOLE, os LGUs têm a tarefa de implementar quatro serviços principais: 1. serviços de formação que abrangem competências de produção e de gestão empresarial, bem como segurança no trabalho, práticas de saúde preventiva e reforço da confiança; 2. assistência para permitir que os trabalhadores das espécies invasivas tenham acesso ao mercado, ao crédito e à tecnologia; 3. acesso aos regimes de seguro do governo para a saúde e a proteção social; e 4. prestação de serviços de rede que permitam aos trabalhadores das espécies invasivas obter representação no governo e criar ligações com parceiros do sector privado (Ibid.).

O programa Worktrep é uma iniciativa inovadora que se concentra em dois aspectos importantes do envolvimento dos trabalhadores do sector informal: desenvolvimento de capacidades e competências financeiras e capacidade de organização, defesa e trabalho com as LGUs. Embora o programa tenha sido introduzido em 2007, há pouca literatura sobre o sucesso, os desafios ou os resultados da implementação. Com este facto em mente, é necessária uma avaliação do programa para estudar os resultados e determinar a direção do programa no futuro. Este é o quarto projeto aqui proposto.

O Comité de Ajuda ao Desenvolvimento da Organização para a Cooperação e Desenvolvimento Económico estabeleceu Princípios para a Avaliação da Ajuda ao Desenvolvimento (OCDE, 2015). Estes princípios orientam um processo de avaliação dos programas de desenvolvimento e incluem temas como a relevância, a eficácia, a eficiência, o impacto e a sustentabilidade. Cada tema contém questões orientadoras a utilizar na investigação. Para implementar este projeto, a DOLE contrataria uma empresa externa de consultoria em planeamento estratégico e avaliação. O recurso a uma empresa externa aumentaria a transparência e garantiria resultados imparciais.Quando a avaliação do programa estiver concluída, os funcionários da DOLE e os representantes de todas as LGUs devem trabalhar para identificar as principais alterações necessárias para tornar o programa mais eficaz e implementá-lo como a segunda edição dos Worktreps. Prevê-se que o processo de avaliação demore cerca de um ano a um ano e meio. A análise estratégica e o planeamento da segunda edição do Worktreps demorariam um ano. A implementação piloto do programa novo e melhorado ocorreria em bairros selecionados ao longo dos anos três a cinco.

2.7 Associações de Poupança e Empréstimo nas Aldeias (VSLAs) para o Empoderamento Económico das Mulheres

Tal como referido, aproximadamente metade do sector informal na região metropolitana de Manila é constituído por mulheres. As mulheres na economia informal enfrentam desafios e oportunidades desiguais, deixando-as mais vulneráveis do que os seus homólogos masculinos. Com base neste conhecimento, é fundamental que a região metropolitana de Manila se concentre no envolvimento das mulheres na força de trabalho do sector informal e lhes forneça o capital financeiro e social para participarem ativamente no sector, defenderem-se a si próprias e aprenderem competências adicionais. As instituições de microfinanças têm estado a operar em todo o mundo, concedendo empréstimos a juros baixos a indivíduos com rendimentos baixos e moderados. Este modelo tem sido muito bem sucedido, como é evidente com a Fundação Grameen, que tem trabalhado extensivamente no Bangladesh, na Índia e noutros países em desenvolvimento em todo o mundo para tirar as pessoas da pobreza (Fundação Grameen, 2013). No entanto, muitas instituições de microfinanciamento (IMF) estão mais vocacionadas para atender os indivíduos que já possuem pequenas empresas e aqueles que têm educação básica e conhecimentos sobre empréstimos. As IMF também só concedem crédito aos seus clientes, enquanto muitas pessoas pobres precisam de ter acesso a mais do que apenas crédito, ou seja, precisam de ter a capacidade de poupar (VSL Associates, 2015).

Um novo modelo de microfinanças que inclui esta componente de poupança foi lançado pela organização internacional sem fins lucrativos CARE em 2000. Este modelo é conhecido como o programa Village Savings and Loans Association (Associação de Poupança e Empréstimo da Aldeia), ou VSLA, abreviadamente

(Hendricks, 2011). O modelo VSLA foi criado para preencher a lacuna entre os serviços oferecidos pelas instituições de microfinanças e os mais pobres. Através da criação de grupos de VSLAs, as pessoas pobres têm acesso a poupar uma quantia mínima todas as semanas e depois candidatam-se a empréstimos do banco da associação. Lauren Hendricks, Diretora Executiva da Access Africa, uma Iniciativa da CARE, explica que os participantes da VSLA poupavam 10 cêntimos por semana e podiam pedir emprestado 5 dólares. No segundo ano, os participantes teriam conseguido poupar cerca de 1 a 2 dólares por semana, com a capacidade de pedir emprestado 30 a 40 dólares (Ibid.). Nesse sentido, as VSLAs constituem uma plataforma de lançamento para os indivíduos começarem a poupar e a receber empréstimos, preparando-os para um sistema formalizado de microfinanças dentro de um ou dois anos. Como resultado, as VLSAs são uma abordagem forte para envolver as mulheres na economia informal e capacitá-las social e economicamente.

2.7.1 A estrutura da VSLA

A VSL Associates, um grupo de profissionais que trabalha para promover o modelo VSLA, publicou um Guia do Programa VSL e um Manual de Operações no Terreno. Salvo indicação em contrário, a estrutura que se segue presta-se às informações fornecidas neste guia (2007). Este é o quinto projeto proposto neste capítulo.

As VSLAs são frequentemente iniciadas por funcionários no terreno que trabalham diretamente com a comunidade durante as fases preparatória e intensiva. Mais informações sobre as fases do projeto podem ser encontradas na secção seguinte. Estes agentes no terreno são os membros do pessoal de uma organização não governamental local dedicada ao projeto VSLA.

Uma VSLA é constituída por 10 a 12 mulheres que criam uma constituição com o seu grupo. A constituição estabelece as regras e regulamentos do grupo, juntamente com quaisquer multas associadas à violação de uma regra. Estabelece também os papéis de liderança do grupo e a forma como devem ser eleitos.

A VSLA fornece os seguintes serviços: poupanças, empréstimos e um fundo social. Os membros poupam uma a cinco acções durante a sua reunião (ver Anexo 2.6 para um exemplo de uma caderneta de poupança). Os membros podem contrair empréstimos se tiverem reembolsado os empréstimos anteriores. Quanto ao fundo social, este é criado em caso de várias emergências. Funciona como um seguro social e de saúde para o grupo. Os estatutos definem as situações em que o fundo social pode ser utilizado (por exemplo, morte de um membro da família, doença de um membro da família, etc.).

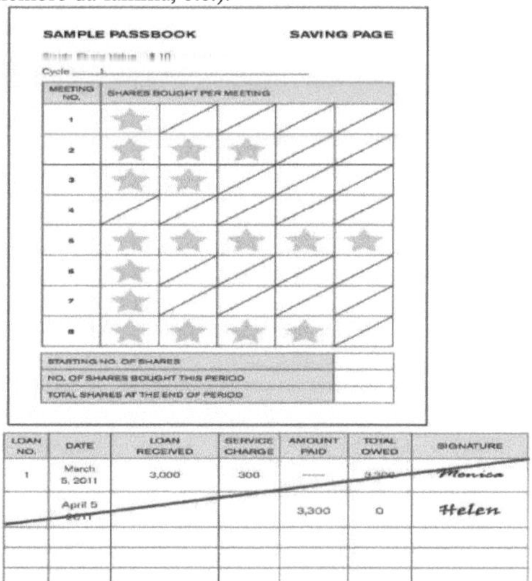

Figura 26: Exemplo de livro de acções e registo de cobrança de empréstimos

Fonte: Comité Internacional de Resgate, 2012

O membro da equipa (o responsável pelo terreno) orientará o grupo através dos módulos descritos no Anexo 2.7. Na primeira vez, todos os nove módulos são concluídos. Nos ciclos seguintes, apenas os módulos cinco a nove são concluídos.

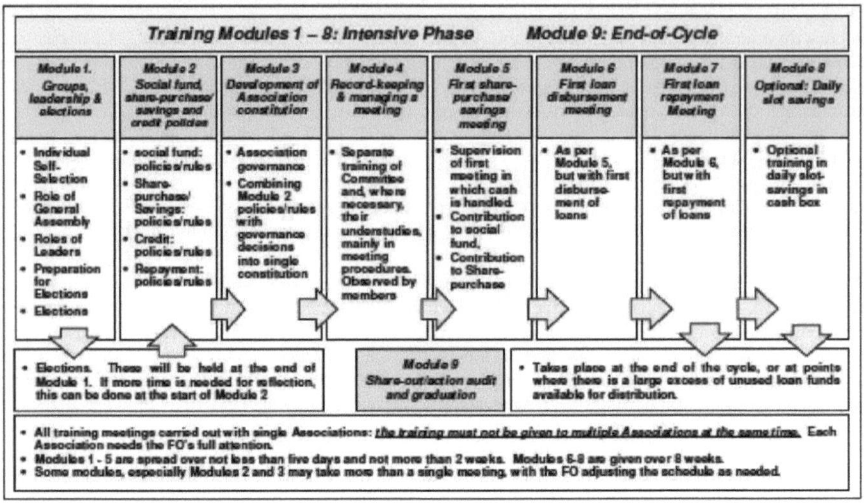

Figura 2.7: Módulos VSLA

Fonte: VSL Associates, 2007

As reuniões começam com uma chamada à ordem. Esta é uma oportunidade para os grupos personalizarem a sua experiência com uma abertura culturalmente apropriada, como uma oração ou uma canção. As contribuições para o fundo social são depois recolhidas pelo tesoureiro e registadas. Os montantes para a coleta do fundo social e as quotas são determinados pelo grupo durante a criação dos Estatutos. Em seguida, cada membro faz a sua contribuição de compra de acções/poupança de uma a cinco acções. O saldo do fundo de empréstimo é então calculado e os pedidos de empréstimo são efectuados. O dinheiro emprestado anteriormente é reembolsado em intervalos de quatro semanas com juros. É importante notar que o cofre terá três fechaduras para que nenhum membro o possa abrir.

2.7.2 Parceiros do projeto e fases de implementação

Para implementar com sucesso um projeto VSLA na região metropolitana de Manila, é fundamental ter um parceiro de implementação que compreenda o contexto cultural e social da população-alvo. A Pambansand Kalipunan ng mga Manggagawang Impormal sa Pilipinas (PATAMABA) é a Rede Nacional de Trabalhadores Informais das Filipinas. A rede centra-se na educação e na formação, na assistência socioeconómica, na criação de redes e na defesa de causas e outros serviços (PATAMABA, 2015). A sua experiência de trabalho com membros da economia informal é valiosa, e a organização beneficiaria com a implementação de VSLAs por algumas razões: o programa VLSA atrai financiamento, aumenta o número de indivíduos alcançados pelos serviços e fornece audiências cativas para formação e outros programas pré-existentes. É também importante notar que a PATAMABA tem relações pré-existentes com as unidades governamentais locais.

A PATAMABA seria a organização implementadora que geriria os fundos e recrutaria o pessoal para trabalhar neste projeto. Uma vez estabelecida a equipa de pessoal da VSLA na organização e realizado o planeamento estratégico durante o primeiro ano, a equipa lançaria o projeto em três fases principais:

Fase 1 (Fase preparatória): Sensibilização de três bairros

A primeira fase do projeto VSLA consistiria em chegar a três bairros da NCR. Esses bairros seriam Navotas, Taguig e Kalookan City. Foram escolhidos devido à sua elevada incidência de pobreza, como se pode ver no Quadro 2.8:

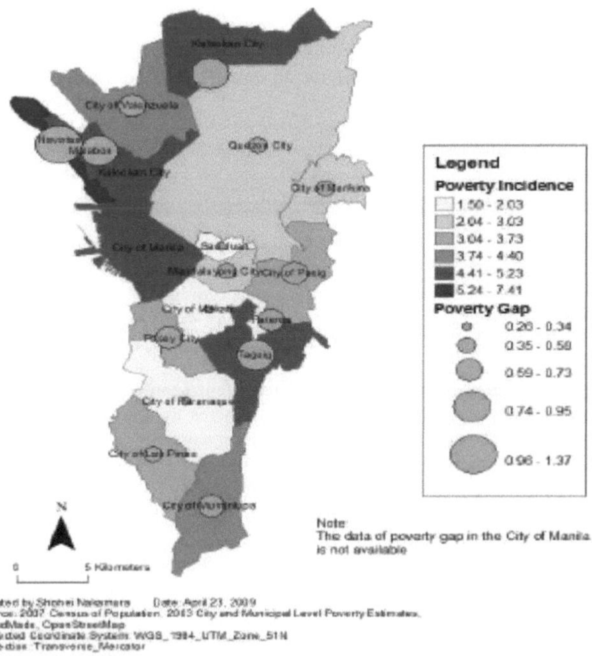

Quadro 2.8: Incidência da pobreza e diferencial de pobreza em 2003

Fonte: *Análise Espacial da Pobreza Urbana em Manila, Filipinas*, 2009

A divulgação incluiria reuniões com líderes comunitários e religiosos e contactos porta-a-porta com membros da comunidade para os informar sobre o programa. As mulheres interessadas da comunidade seriam aconselhadas a formar grupos de 10 a 12 mulheres. Os grupos pré-existentes, como os grupos religiosos e outros grupos de interesse especial do bairro, seriam encorajados a utilizar a sua estrutura para uma ACPE. O facto de as ACPE se basearem em grupos sociais pré-existentes é uma das muitas vantagens das ACPE e a razão pela qual a sua sustentabilidade seria assegurada. Os membros da equipa trabalhariam com as mulheres interessadas para explicar o conceito de ACPE, e os grupos de mulheres interessadas seriam encarregados de fornecer os materiais para iniciar o grupo, ou seja, um cofre com três fechaduras, pequenos cadernos para cada membro, uma caneta e duas tigelas.

Fase 2 (Fase Intensiva e Fase de Supervisão): Iniciar os grupos VSLA

Uma vez que os grupos tenham mostrado iniciativa na recolha dos materiais necessários para iniciar o grupo, os membros da equipa trabalhariam com os grupos para criar constituições e iniciar o processo de poupança e empréstimo que foi delineado na secção anterior. Estes grupos reunir-se-ão uma vez por semana durante um a três anos antes de passarem à Fase Três. O membro da equipa designado para o grupo VSLA desempenharia um papel consultivo durante o primeiro ano. Nos anos dois e três, o membro da equipa apenas visitaria o grupo de vez em quando.

Fase 3: Processo de formalização

Como mencionado anteriormente, as VSLAs proporcionam uma boa base para poupanças e empréstimos; no entanto, os participantes do grupo podem formalizar as suas poupanças e empréstimos através de institutos de microfinanças, assim que tenham atingido um certo nível de poupança e capital económico. Este processo de formalização só deve ser feito depois de os participantes terem estabilizado as suas finanças, participado em actividades geradoras de rendimento e desenvolvido conhecimentos e competências financeiras (Hendricks, 2011). Há benefícios em formalizar poupanças e empréstimos com uma instituição de microfinanças quando se está pronto, incluindo maiores linhas de crédito e apoio técnico. Além disso, as IMF que são membros do Conselho de Microfinanças das Filipinas, que são 42, têm acesso a oportunidades de formação e a inovações neste domínio (Conselho de Microfinanças das Filipinas, 2015). O PATAMABA colaboraria com o Conselho de Microfinanças das Filipinas para assegurar a adoção de políticas que garantam um processo de formalização harmonioso das associações de poupança informais para as IMF regulamentadas.

2.7.3 Resultados do projeto

O programa VSLA, apoiado pelo parceiro de implementação, PATAMABA, produziria três resultados diretos, entre muitos resultados indirectos, tais como o reforço do capital social e das redes sociais. Os três resultados diretos são:

Desenvolvimento de activos e de competências para entrar no sector financeiro formal

Os participantes nas VSLAs desenvolveriam competências financeiras, a capacidade de poupar e a capacidade de gerir o crédito. Como resultado, e tal como mencionado na Fase 3 do projeto, as mulheres estariam preparadas para entrar no sector financeiro formal, contribuindo favoravelmente para a sua segurança económica.

Reforço das capacidades para melhorar a empresa doméstica ou a pequena empresa

Para além de adquirirem competências de literacia financeira e activos, as VSLAs receberiam formação da PATAMABA sobre diferentes competências para a vida, competências empresariais e competências artesanais. Isto permitiria às mulheres melhorar o seu negócio pré-existente, iniciar um novo negócio ou obter emprego.

Capacitação e competências de defesa

As VSLAs na NCR seriam programas auto-dirigidos que requerem a contribuição direta dos seus participantes. O membro do pessoal actuaria como conselheiro e as mulheres do grupo determinariam a direção e os regulamentos do grupo. Como resultado, as mulheres seriam encorajadas e capacitadas a assumir papéis de liderança e a adquirir competências de tomada de decisões. Isto permitiria que as mulheres ganhassem confiança e participassem em acções de defesa em nome das mulheres da economia informal e da economia informal em geral. Essas mulheres se tornariam atores-chave em programas maiores, como o programa Worktreps, ou nos programas de defesa do PATAMABA.

2.8 Financiamento do projeto e custos de operação e manutenção

Os programas de alívio da pobreza utilizam fundos de muitas fontes diferentes. Devido à natureza deste tipo de programas, muitos dos fundos provenientes do governo estão alojados no Departamento de Serviços Sociais. No entanto, outros departamentos também têm algum financiamento para programas relacionados com a pobreza, como o Departamento de Trabalho e Emprego e o Departamento de Ciência e Tecnologia. Para além do financiamento do Governo filipino, muitos governos estrangeiros prestam assistência no estrangeiro. O Quadro 2.9 mostra a repartição do financiamento de todos os programas de combate à pobreza.

Projeto	APP de posse de terra	Programa de melhoramento de bairros degradados	Produção de filtros de água de argila	Worktreps II Avaliação, Plano Estratégico e Piloto	VSLAs
Ano 1	\$200,000	\$1,000,000	\$150,000	\$200,000	\$5,000
Ano 2	\$100,000	\$500,000	\$150,000	\$200,000	\$5,000
Ano 3	\$100,000	\$500,000	\$75,000	\$1,500,000	\$5,000
Ano 4	\$0	\$250,000	\$25,000	\$1,500,000	\$5,000
Ano 5	\$0	\$250,000	\$0	\$1,500,000	\$5,000
Total sem O&M	\$400,000	\$2,500,000	\$400,000	\$4,900,000	\$25,000

Custos de O&M em aprox. $	$48,600	$108,000	$120,000	$1,000,000	$360,000
TOTAL	$448,600	$2,608,000	$520,000	$5,900,000	$385,000

Figura 2.9: Orçamento para a luta contra a pobreza (USD)
Fonte: Autores do capítulo

2.8.1 Financiamento da aplicação relativa à posse da terra

O projeto Land Tenure App será financiado por uma cooperação conjunta entre a ajuda externa americana (USAID) e o Departamento de Ciência e Tecnologia das Filipinas. Este projeto tem um prazo de execução de dois a três anos. Os custos de operação e manutenção seriam financiados inicialmente pelo Departamento de Ciência e Tecnologia e, posteriormente, por uma pequena taxa que seria paga pelos participantes para concluir o seu processo de titulação de terras. Os participantes neste programa só teriam de pagar 25% do custo normal da titulação de terras. 75% seriam fornecidos através de fundos deste programa, a fim de incentivar os residentes a participar e a utilizar a aplicação. Os 25% que seriam cobrados seriam destinados à operação e manutenção. A mão de obra do projeto consistiria em dez empregados locais durante o primeiro ano, mais dez no segundo ano e mais cinco no terceiro ano, com base nas fases do projeto. O objetivo deste projeto seria criar uma base de dados poderosa, a fim de proporcionar a posse de terras a 30% dos residentes na região metropolitana de Manila.

2.8.2 Financiamento do projeto de reabilitação de bairros degradados

O Slum Upgrading Project (SUP) seria financiado pela cooperação entre a ARIA, um investidor local, e o Departamento de Assistência Social e Desenvolvimento das Filipinas. Este projeto teria uma duração de dez anos e os custos de funcionamento e manutenção seriam financiados por um empréstimo mensal que seria reembolsado pelos residentes, uma vez concluída a renovação das suas casas. Os membros da equipa trabalhariam com a comunidade para elaborar um plano de reembolso. Durante os dez anos, seriam abertos cinco gabinetes com cinco empregados. Três dos gabinetes seriam abertos durante o período de cinco anos do plano desta proposta. Este projeto teria como objetivo beneficiar 200 famílias por ano durante um período de cinco a dez anos, com um total de 2000 famílias no final da ação. O orçamento previsto destina-se aos primeiros cinco anos de funcionamento.

2.8.3 Financiamento de filtros de água de barro

O projeto de filtros de água de barro seria financiado conjuntamente pela USAID, por investidores locais, como a Manila Water Company, e pelo Departamento de Bem-Estar Social e Desenvolvimento das Filipinas. Este projeto teria um prazo de execução de quatro anos. Os custos de funcionamento e manutenção seriam financiados pela produção e pelas instalações de venda a retalho que seriam criadas. No primeiro ano, os custos de funcionamento e manutenção seriam financiados pelo Departamento de Desenvolvimento da Segurança Social. Nos anos seguintes, as receitas geradas pela venda dos filtros de água constituiriam a principal fonte de funcionamento e manutenção deste projeto. Durante os primeiros dois anos do projeto, seriam estabelecidas cinco fábricas perto dos aglomerados informais, para que os trabalhadores e os compradores tivessem acesso fácil ao produto. Durante os últimos dois anos, o projeto centrar-se-ia na expansão das vendas e distribuição do produto, juntamente com a expansão para uma campanha de marketing em toda a cidade.

2.8.4 Financiamento da avaliação, do estudo e da expansão dos campos de trabalho

O financiamento e os custos de operação e manutenção para a avaliação, o estudo e a expansão do programa Worktreps viriam diretamente do Departamento do Trabalho e do Emprego. O DOLE orçamentou fundos para este programa e para programas semelhantes de redução da pobreza através da Lei das Dotações Gerais (DOLE, 2007). Os custos totais do projeto seriam de 4.900.000 USD, com custos de operação e manutenção de 333.108 USD para os cinco anos. Estes custos baseiam-se em orçamentos operacionais anteriores do Worktreps e no emprego de dois membros do pessoal em cada barangay (LGU) com um salário médio do governo durante cinco anos.

2.8.5 Financiamento das VSLAs

O programa VSLA seria uma iniciativa de custo muito baixo. A maioria dos custos estaria associada aos membros do pessoal e aos materiais e recursos de formação. Todo o pessoal ficaria alojado no PATAMABA. Os custos de operação e manutenção, incluindo os salários de seis membros do pessoal (agentes de campo) durante cinco anos, seriam cobertos pelo Departamento de Serviços Sociais através de uma subvenção à PATAMBA. Este custo de $99.932 USD seria para seis membros do pessoal ao longo de cinco anos. A USAID cobriria os custos de não-operação e manutenção.

2.9 Em direção a uma Metro Manila inclusiva e equitativa

Para que as áreas urbanas prosperem nas esferas económica, social e ambiental, toda a população deve estar envolvida no seu desenvolvimento. Nas últimas décadas, o desenvolvimento das Filipinas e da região metropolitana de Manila beneficiou as classes altas. No entanto, nos últimos anos, o governo tem-se voltado para uma visão mais inclusiva do desenvolvimento, como é evidente no Plano de Desenvolvimento das Filipinas 2011-2016. Envolver os residentes com baixos rendimentos em programas de construção social e de capital, tais como as Associações de Poupança e Empréstimo das Aldeias e um novo e melhorado programa de Worktreps, tiraria as pessoas da pobreza extrema e permitir-lhes-ia participar no sector financeiro formal, aumentando o seu poder de compra e, em última análise, beneficiando a economia como um todo. Ao melhorar a sua situação de vida através da requalificação dos bairros de lata e da obtenção de direitos fundiários, os residentes dos aglomerados informais disporiam de alojamentos seguros e habitáveis, satisfazendo a sua necessidade básica de abrigo. Através do desenvolvimento, produção e distribuição de filtros de barro fabricados e adquiridos localmente, os residentes que não têm acesso a água limpa ou corrente podem tratar a sua água, evitando doenças e mesmo a morte. Estes projectos de redução da pobreza são necessários para satisfazer as necessidades básicas e económicas dos pobres em
Metro Manila, dando-lhes assim a oportunidade de reforçar as suas comunidades e prosperar no seu ambiente urbano.

CAPÍTULO 3

INDÚSTRIA

Fonte: http://www.escubes.com/wp- content/uploads/2015/09/ManilaCallCenter.jpg, 2015

Amber David
Bahareh Rezaee

3.1 Contexto: Indústria das Filipinas

3.1.1 História

A Segunda Guerra Mundial coincidiu com os primeiros anos da independência das Filipinas. A nação emergiu da guerra como o segundo país mais rico da Ásia Oriental, precedido apenas pelo Japão. (Filipinas, 2015)

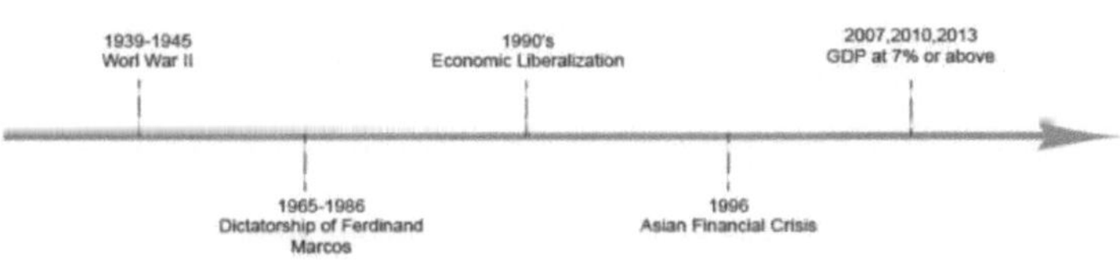

Figura 3.1: Cronologia económica das Filipinas
Fonte: Autores do capítulo

Em meados dos anos 60 a 80, o presidente da altura, Ferdinand Marcos, declarou a lei marcial, o que lhe permitiu governar o país como um ditador virtual. Foi responsável por grandes progressos nas reformas económicas e sociais e reorientou politicamente a nação. Por fim, a má gestão económica e a volatilidade política provocaram a estagnação da economia. A perda de apoio internacional ao governo de Marcos, especialmente no domínio financeiro, mergulhou o país numa crise. A dívida do país aumentou de 2 mil milhões de dólares para 30 mil milhões de dólares e a nação sofreu um crescimento económico lento e uma recessão até 1987, altura em que a Presidente Corazon Aquino restabeleceu as instituições políticas no seu quadro anterior à lei marcial. Desde então, as políticas de liberalização económica catalisaram a recuperação económica do país (Sicat, 2015).

Em julho de 1997, a crise financeira asiática começou na Tailândia, mas a maioria dos outros países da Ásia Oriental também se debatia com o problema. As Filipinas tiveram um desempenho relativamente bom em comparação com os outros países, devido a "uma menor exposição a títulos internacionais problemáticos, uma menor dependência das exportações, um consumo interno relativamente resistente, grandes remessas de quatro a cinco milhões de trabalhadores filipinos no estrangeiro e uma indústria de externalização em rápida expansão", embora alguns países da região, como a Coreia do Sul, a China e Taiwan, tenham tido um desempenho muito melhor em termos de pobreza e desemprego (Ibid.).

3.1.2 Condições económicas existentes

Durante a maior parte da sua história, a agricultura tem sido a principal indústria das Filipinas, o que se verifica em todas as dezassete regiões do país. Depois dos produtos alimentares e da transformação de alimentos, a indústria mineira é a segunda maior indústria. No que diz respeito à indústria transformadora, a eletrónica é o produto mais exportado, mas também o mais importado, do país. Em dezembro de 2014, 49,5% do total das

exportações do mês foram provenientes deste sector. Os minerais e a maquinaria são outras das principais importações do país (*Economy of the Philippines*, 2015).
Entre 1960 e 2012, as Filipinas registaram um declínio constante da parte da agricultura na produção total e no emprego. "Noutros países em desenvolvimento, o declínio da quota-parte da agricultura é normalmente absorvido pelo sector industrial. No caso das Filipinas, este declínio foi absorvido pelo sector dos serviços". De acordo com o World Factbook da CIA (2015), em 2011, mais de metade da economia baseava-se no sector dos serviços. O sector da agricultura tinha 33% e o sector da indústria transformadora tinha uma quota de 15%. Em 2012, os serviços representaram 57,1% do PIB, em comparação com 31,1% para a indústria e 11,8% para a agricultura. No mesmo ano, 52,5% da população ativa estava empregada nos serviços, 15,4% na indústria e 32,2% na agricultura. A importância do sector dos serviços também se reflecte nas contas externas (balança de pagamentos) das Filipinas, que apresentam um défice na balança comercial de bens e um excedente na balança comercial de serviços (Lee, 2014).

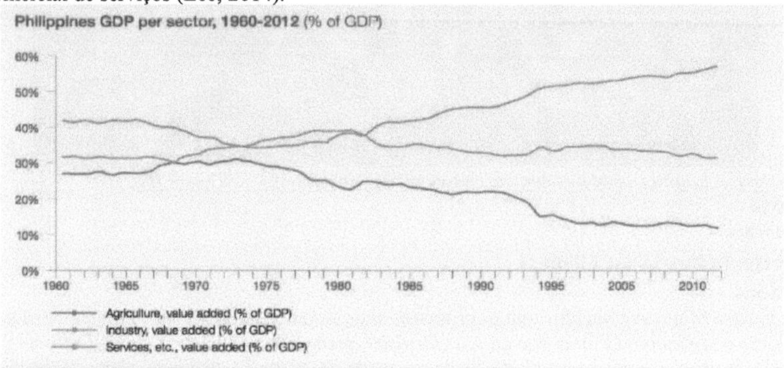

Quadro 3.2: PIB das Filipinas por sector, 1960-2012
Fonte: http://lkyspp.nus.edu.sg/wp-content/uploads/2014/12/Business-Process-Outsourcing-in-the-Philippines.pdf, 2014

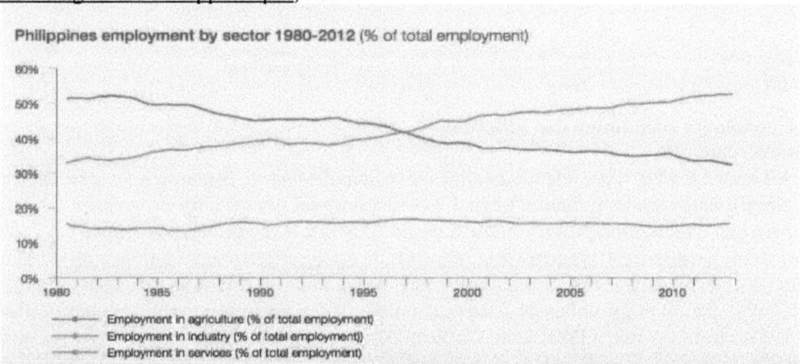

Quadro 3.3: Emprego nas Filipinas por sector 1980-2012
Fonte:http://lkyspp.nus.edu.sg/wp-content/uploads/2014/12/Business- Process-Outsourcing-in-the-Philippines.pdf, 2014

O governo filipino oferece incentivos a instituições privadas para encorajar parcerias público-privadas para o financiamento da construção, funcionamento e manutenção de infra-estruturas públicas e projectos de desenvolvimento. Apesar das restrições que a Constituição de 1987 do país e outras leis estabelecem para a propriedade estrangeira, o governo está a incentivar os interesses estrangeiros a "investir no país com as empresas que melhoram as oportunidades de emprego, desenvolvem a produtividade das fontes, aumentam o valor e o volume das exportações e proporcionam oportunidades para o futuro desenvolvimentos na economia (CIA, 2015).
Os principais parceiros comerciais das Filipinas são o Japão, os EUA, a China, Hong Kong e Singapura (Filipinas, 2015). Uma vez que as Filipinas estão a registar um crescimento em alguns dos seus sectores industriais e a transformar-se num centro de investimento para a região, existem várias partes interessadas, empresas de desenvolvimento e bancos destes países que estão dispostos a investir na indústria filipina.

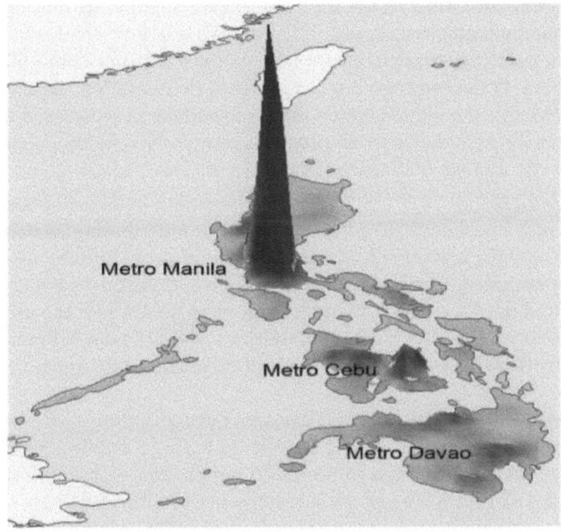

Figura 3.4: Densidade económica nas Filipinas

Fonte: Banco Mundial, 2010

Metro Manila, como capital do país, é a região metropolitana mais importante das Filipinas. Devido ao facto de a economia do país ser muito centralizada, a maioria das empresas e das grandes empresas estão localizadas aqui. Esta concentração do investimento na área metropolitana de Manila fornece à NCR a maior parte das infra-estruturas necessárias ao país

pelas empresas e, por conseguinte, reduz o custo de fazer negócios na região. Em comparação com o resto do país, a região metropolitana de Manila tem uma percentagem mais baixa de indústria transformadora e percentagens mais elevadas de turismo, comércio, finanças e transportes nas suas percentagens de produção por indústria. A indústria do comércio e turismo, com uma quota de 31,1%, é a indústria mais importante da NCR. Seguem-se os sectores empresarial e financeiro, com 28,6%, e local/não mercantil, com 15,6% (Economy of the Philippines, 2015).

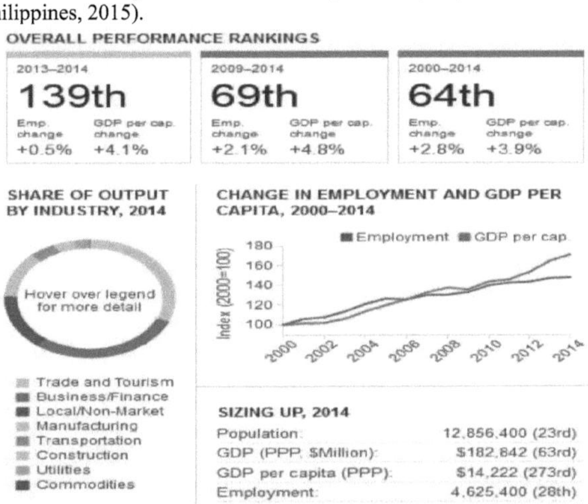

Quadro 3.5: Classificação do desempenho global de Manila

Fonte: http://www.brookings.edu/research/reports2/2015/01/22-global-metro- monitor, 2015

Com os pontos fortes e as oportunidades acima mencionados que as Filipinas têm para o investimento industrial, existem também algumas fraquezas e ameaças neste sector. "O inquérito de Opinião Executiva, realizado anualmente pelo Fórum Económico Mundial, considerou a corrupção como o impedimento mais grave para os negócios no país em 2014 (17,6% dos inquiridos), seguido de um fornecimento inadequado de infra-estruturas (15,9%), regulamentos fiscais (13,3%) e burocracia governamental ineficiente (12,6%)." Do ponto de vista ambiental, a poluição, especialmente nas maiores cidades, como Metro Manila, é o principal problema da indústria filipina. O desemprego e o crescimento demográfico são outras questões importantes. A região metropolitana de Manila é a cidade com a maior densidade populacional e um número considerável de pessoas procura melhores oportunidades de emprego na capital. No entanto, o emprego na NCR aumentou apenas 5% de 2009 a 2014 (Brookings Institution, 2015).

3.1.3 Perspectivas económicas

Devido aos recentes aumentos constantes do consumo privado, à melhoria das exportações e a um clima de investimento estável nas Filipinas, a economia do país expandiu-se. Com uma taxa de emprego mais baixa, uma inflação modesta e as remessas filipinas para o estrangeiro, registou-se um crescimento do PIB. A taxa média anual de crescimento é de 1% e prevê-se que cresça mais de 4% por ano a longo prazo, com base nas projecções da National Economic and Development Authority (NEDA) das Filipinas.
No entanto, este forte aumento do PIB pressupõe uma taxa de crescimento anual fixa da população de 1,89% (NEDA, 2014).
A economia das Filipinas está a ter um desempenho bastante bom quando comparada com a dos seus vizinhos. A Indonésia, com uma taxa de crescimento anual do PIB de 6,3%, é o único país que regista um progresso superior. O crescimento da Malásia está a um ritmo muito semelhante ao das Filipinas e a Tailândia, com um aumento anual do PIB de 2,4%, está a crescer mais lentamente (Oxford Business Group, 2015). Os sectores da indústria e dos serviços, tal como as outras partes da economia, continuam a crescer. No entanto, este crescimento precisa de ser sustentado. O mercado internacional para as Filipinas na economia em rápido crescimento da Ásia Oriental é um ponto-chave para a sua melhoria. A inovação na indústria e nos serviços com a criação de novos produtos ligando diferentes sectores, bem como a otimização da produtividade, estratégias e políticas inovadoras são alguns factores que podem ter um grande impacto no crescimento destes sectores (NEDA, 2014).
Há provas que apoiam a afirmação de que, "de todos os sectores, a indústria de BPO (Business Process Outsourcing) está no topo da lista em termos de dimensão e trajetória de crescimento, proporcionando oportunidades de emprego e incentivando os investimentos estrangeiros no país (*Manila Bulletin*, 2015; ver também o Quadro 3.6 abaixo)". Este facto vem na sequência da mudança para uma indústria baseada nos serviços na economia do país. Atualmente, as Filipinas empregam mais de um milhão de trabalhadores nos sectores da BPO e das TI conexas. Com o rápido crescimento destes sectores, o Banco Mundial prevê um rendimento total de 55 mil milhões de dólares até 2020 e a criação de 1,5 milhões de novos postos de trabalho. A isto juntam-se outras condições favoráveis, como uma população jovem altamente qualificada e custos de mão de obra mais baixos em comparação com o resto da Ásia Oriental, o que cria perspectivas positivas e incentivos a mais investimentos e, por conseguinte, ao crescimento destes sectores (Romualdez, 2015). Para os filipinos, os salários mais elevados do trabalho em call centers tornam estas posições desejáveis, mesmo com as dificuldades que podem surgir devido às horas de trabalho noturno e às mudanças necessárias no estilo de vida que as acompanham.

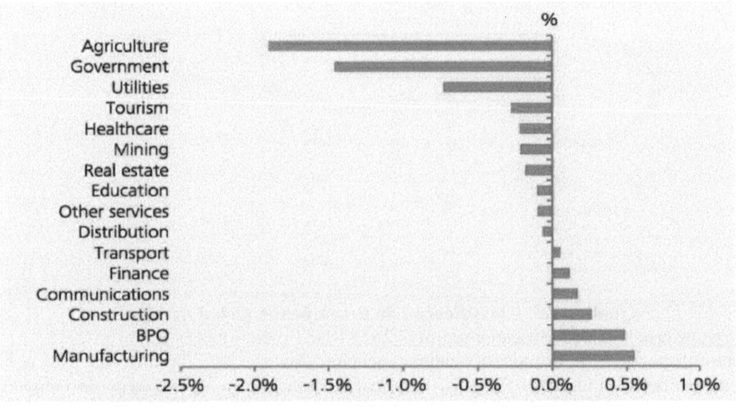

Quadro 3.6: Emprego nas Filipinas por sector 1980-2012

Fonte: Oxford Economics/Haver Analytics, 2015

3.1.4 Eventos recentes

A ascensão do sector da externalização de processos empresariais

A externalização de processos empresariais (BPO) envolve a contratação de um fornecedor externo para executar serviços empresariais específicos, tais como operações de back-office. O primeiro centro de atendimento telefónico BPO nas Filipinas começou a servir clientes estrangeiros em 1997. A desregulamentação do sector das telecomunicações, em 1995, precedeu e, em parte, tornou-a possível. Em 2007, as Filipinas detinham 6% do mercado mundial de BPO, tendo aumentado para 10% em 2012 (Deloitte, 2014). A maior base de clientes de BPO é composta por empresas sediadas nos Estados Unidos, incluindo a Accenture (648,6 milhões de dólares), a Convergys (396,6 milhões de dólares) e o JPMorgan Chase Bank N.A - Philippine Global Service Center (160,8 milhões de dólares) (*Newsbytes*, 2014).

O sucesso deste sector nas Filipinas pode ser atribuído à natureza hospitaleira dos filipinos, que se traduz num excelente serviço ao cliente; à sua afinidade cultural com os EUA, que resulta no conhecimento e na utilização do inglês e das expressões idiomáticas americanas; e, finalmente, a uma mão de obra altamente qualificada, com aptidão para trabalhar em domínios como as tecnologias da informação, as finanças e a animação.

Um investimento federal de 30,6 milhões de USD ao longo de 8 anos (2006 a 2014) financiou a formação em competências empresariais para os trabalhadores dos centros de atendimento (Lee, Vari-Krovacs, Yu, et .al., 2014). Reconhecendo a relação de dependência entre competências excepcionais em inglês e o sucesso dos empreendimentos de BPO, o governo também liderou uma iniciativa para instituir o Exame Nacional de Proficiência, a fim de garantir que os professores sejam proficientes e possam instruir nessa língua os potenciais empregados de BPO.

O governo federal redireccionou o seu apoio, incluindo o financiamento e os esforços de marketing, para fazer crescer o sector nas "Next Wave Cities (NWCs)", tais como Baguio City, Davao City e Dumaguete. As NWCs são cidades localizadas fora da área metropolitana de Manila que registaram um crescimento económico significativo e que foram identificadas como tendo a capacidade de manter e ampliar esses ganhos para o avanço geral do país. Esta abordagem reflecte a prioridade estratégica do governo federal de dispersar a riqueza e as oportunidades de emprego para além do NRC propriamente dito. As empresas de BPO maduras e em fase de arranque estão a deslocalizar-se gradualmente devido ao "aumento do custo das rendas, da mão de obra e da produção de energia (em Manila) (Lee, 2014)"

O desinvestimento por parte do governo federal não é um sinal de que o mercado esteja a arrefecer na região metropolitana de Manila. De facto, a partir de 2014, a região metropolitana de Manila tornou-se o segundo maior destino das empresas que procuram serviços de BPO. Sendo um veículo comprovado de sucesso económico, a posição das empresas de BPO na agenda de criação de emprego da região deve ser reforçada. A região metropolitana de Manila é líder de mercado e, por conseguinte, tem a influência e a experiência necessárias para alargar o âmbito dos seus serviços de BPO a novas categorias, como os cuidados de saúde.

3.2 Prioridades

Manila deve implementar as seguintes prioridades, a fim de reforçar a cidade como a potência BPO das Filipinas:

> Estabelecer um centro de atendimento telefónico em Mandaluyong;

> Oferecer formação profissional;

> Garantir a Aetna ou a Anthem como cliente BPO;

> Realizar um estudo para determinar a viabilidade do turismo médico em Manila, e

> Desenvolver um superbloco no sul para servir de centro de expansão para os BPO de cuidados de saúde.

3.3 Projectos propostos

3.3.1 Centro de atendimento

Iniciativa estratégica: Estabelecer um centro de atendimento telefónico em Mandaluyong, perto da sua rede de universidades e escolas técnicas

Plano: A fase inicial do plano consistiria em estabelecer um centro de atendimento telefónico em Mandaluyong. Seria nomeada uma equipa de liderança composta por um gestor, um comerciante (com competências em design gráfico) e um recrutador para gerir o programa.

Uma equipa de marketing e recrutamento criaria uma estratégia de divulgação para recrutar estudantes. A primeira prioridade seria estabelecer relações com os departamentos de negócios, tecnologia e enfermagem, uma vez que estes seriam os principais programas com capacidade para fornecer estudantes com as competências necessárias de serviço ao cliente, conhecimentos técnicos e proficiência em inglês americano. As parcerias seriam ainda mais solidificadas pela formulação de um programa de certificação centrado nessas competências. Um estudante que possua este certificado será mais bem visto para contratação do que um estudante que não tenha a especialização.

Outras estratégias de marketing e recrutamento incluiriam a colocação de anúncios nas redes sociais, bem como a participação em feiras de carreiras no campus, a distribuição de materiais impressos e a organização de webinars em linha. As sessões baseadas na Web posicionariam o sector BPO como uma carreira lucrativa e apresentariam aos estudantes a cultura e as vantagens de trabalhar nesta empresa específica. O centro de atendimento contrataria inicialmente 300 pessoas, mas também estaria preparado para acolher mais 150 pessoas para apoiar o crescimento futuro.

Justificação: A BPO é uma indústria rentável na região metropolitana de Manila, que deverá crescer até 2033 (Oxford Economics/Haver Analytics, 2015). O objetivo deste esquema é utilizar um centro de atendimento telefónico centrado nas áreas tradicionais (por exemplo, assistência técnica), em que a região metropolitana de Manila já obteve sucesso como base, para financiar e catalisar a expansão da NCR para áreas de BPO mais rentáveis, como as relacionadas com os serviços de saúde (por exemplo, seguros).

Mandaluyong é um local privilegiado para esta parte do plano porque já possui uma infraestrutura existente (ou seja, transportes, uma zona comercial e de entretenimento, etc.). Além disso, acolhe um vasto conjunto de trabalhadores qualificados que frequentam as conhecidas e abundantes instituições de ensino superior da região (por exemplo, a Universidade José Rizal e o Don Bosco Technical College). De facto, "a seguir à Índia e à China, as Filipinas têm a terceira maior oferta anual de licenciados em matérias relevantes para o sector BPO, como finanças, contabilidade e negócios, e TI (Deloitte, 2014)". Em 2013, registou-se a saída de 1,8 milhões de filipinos em busca de melhores salários no estrangeiro (ABS- CBN News, 2015), e a iniciativa do centro de atendimento telefónico seria um meio de reter a juventude instruída do país, proporcionando empregos bem remunerados.

Um estereótipo a ultrapassar é o de que os call centers são empregos sem saída. Para combater esta ideia, deve haver formação profissional para que os trabalhadores possam adquirir as ferramentas necessárias para progredir na empresa. Este ponto é discutido mais detalhadamente na secção 3.3.2 Formação profissional.

Custo de capital: O custo de capital para o primeiro call center é de $650.000 USD. Este valor inclui o custo de aluguer (por metro quadrado) para cada agente. Inclui também os componentes necessários para cada estação: computador, linha telefónica, auscultadores, mesa, cadeira e um assento típico de call center (Santos, 2015). Os salários mensais dos atendentes totalizariam $120.000 USD. Além disso, a equipa de gestão de 3 membros receberia um salário mensal combinado de $3000 USD. De acordo com os padrões da indústria, a operação tornar-se-ia autossustentável após 1,5 a 2 anos (Ibid.). Por conseguinte, a Metro Manila deve procurar financiamento para os primeiros dois anos de existência da empresa junto de um investidor privado e/ou de um banco local.

3.3.2 Formação profissional

Iniciativa estratégica: Oferecer formação profissional a novos e actuais trabalhadores

Plano: O primeiro nível de formação está relacionado com os novos e actuais trabalhadores. Através da integração e da formação no local de trabalho, a empresa teria a oportunidade de incutir a sua cultura e valores corporativos e, assim, proteger-se da elevada taxa de rotatividade dos trabalhadores dos centros de atendimento. A empresa teria de se concentrar em incentivar o pessoal, tanto a nível intrínseco como extrínseco, dando ênfase ao que a equipa do sector designou por "Trajetória e Ferramentas".

Trajetória

Para contrariar o estigma de que os empregos nos centros de atendimento telefónico não têm espaço para progressão, a empresa deve comunicar claramente o seu plano de mobilidade ascendente. Durante a integração, a equipa de liderança deve explicar o objetivo do centro de atendimento de Mandaluyong como um local de formação e um eventual alimentador de talentos para as sucursais que se concentram em categorias de negócios de BPO com salários mais elevados. O emprego nos escritórios satélite proporcionaria aumentos salariais automáticos e ofereceria também a perspetiva de cargos de direção.

Os membros do pessoal também podem progredir para se tornarem supervisores de uma equipa ou formadores de novos empregados. Em qualquer uma destas posições, o número de chamadas que o indivíduo teria de efetuar seria reduzido porque teria assumido funções de gestão.

Ferramentas

As ferramentas são recursos que os trabalhadores esperam receber da empresa. A exploração dos recursos pode levar à promoção e à satisfação no trabalho. Exemplos de ferramentas incluem:

- Salário base competitivo;
- Certificados após a conclusão dos módulos de formação;
- Formação complementar opcional ministrada por instrutores dos principais centros de formação;
- Celebração dos êxitos individuais e da equipa durante as reuniões semanais;
- Oportunidades de formação cruzada (discutidas na Secção 3.2.5 Centro de atendimento do Superblock);
- Avaliações de desempenho preparadas em conjunto que incluem estratégias para melhorar o trabalho de cada um, de modo a manter-se no caminho certo para ser considerado para promoção;
- Acesso à direção para sessões de treino para melhorar as chamadas e a qualidade das avaliações do serviço ao cliente, e
- Tempo de férias que começa a acumular-se pouco tempo depois da contratação.

O segundo nível de formação envolveria a instituição de um programa "treine agora, pague depois" para educar, e depois empregar, 25 finalistas do ensino secundário local que são os melhores da sua turma. Os alunos teriam registos académicos excepcionais, mas distinguir-se-iam dos seus pares devido ao seu desejo de seguir um caminho alternativo que não implicasse a frequência de uma universidade após a conclusão do curso. O programa seria inspirado em programas semelhantes bem sucedidos que foram oferecidos nas Filipinas. Os participantes teriam de assinar um contrato em que se comprometem a assistir a todas as sessões e a trabalhar na empresa durante um período mínimo de 18 meses. Este período de emprego daria à empresa tempo suficiente para recuperar os custos de formação associados a cada indivíduo.

Justificação: O jornal Frances-Presse escreveu que "as Filipinas

O sector da externalização enfrenta uma escassez de pessoal formado após uma década de rápido crescimento, que o viu tornar-se um pilar da economia (2013)". Durante a primeira vaga de sucesso da BPO, o governo financiou programas de formação. A região metropolitana de Manila já não recebe esse apoio, mas continua a ser a segunda escolha das empresas de BPO. Para contrariar o declínio de trabalhadores qualificados e a falta de apoio federal, a NCR precisa de cultivar estratégica e agressivamente a sua própria força de trabalho. Além disso, um programa de formação centrado no desenvolvimento profissional dos jovens de uma comunidade ajudaria a construir relações e a criar laços para futuros ciclos de recrutamento.

Custo de capital: A integração e a formação seriam realizadas internamente, pelo que não haveria qualquer despesa para além do tempo e do salário regular dos funcionários que facilitam as sessões. O custo do programa "treine agora, pague depois" seria de US$ 20.000 - consistente com programas comparáveis. Este valor incluiria a criação de publicações de marketing e acções de divulgação relacionadas para recrutar os estudantes e uma pequena bolsa para os formadores e formandos.

3.3.3 Entrada no sector da BPO de cuidados de saúde

Iniciativa estratégica: Garantir a Aetna ou a Anthem como cliente de BPO

Plano: Duas pessoas da equipa de gestão da unidade do sul viajariam para os EUA para apresentar o plano de negócios e a proposta de parceria aos executivos da Aetna ou da Anthem. Provavelmente, seriam necessárias pelo menos duas viagens, uma para apresentação e outra para negociar os termos do acordo.

Justificação: De acordo com a *Fortune,* a Aetna e a Anthem estão entre as 10 empresas de cuidados de saúde dos EUA que registam as maiores receitas do sector (Lorenzetti, 2015). A concretização bem sucedida de uma parceria entre qualquer uma das empresas e o grupo Manila teria um impacto económico significativo para ambas as empresas. Os fornecedores de seguros de saúde usufruiriam de custos laborais mais baixos associados ao facto de operarem numa parceria público-privada com as Filipinas, enquanto a empresa filipina ganharia credibilidade por trabalhar com autoridades de saúde reconhecidas. Dada a importância da interação interpessoal na cultura das Filipinas, recomenda-se que sejam organizadas reuniões presenciais para as conversas iniciais.

Custos: Com base nas actuais tarifas de avião e hotel, custaria cerca de 18 000 USD aos executivos da região metropolitana de Manila viajar duas vezes para os Estados Unidos, a fim de solidificar o acordo com a Aetna ou a Anthem. As questões e os pormenores subsequentes poderão ser discutidos por teleconferência ou videoconferência.

3.3.4 Turismo médico

Iniciativa estratégica: Realizar um estudo para determinar a viabilidade do turismo médico em Manila

Planear: A tendência de viajar para fora do país de origem para receber tratamento médico tornou-se numa indústria multibilionária chamada turismo médico. Segue-se um resumo do funcionamento deste sector com base na descrição de Pocock (2011). Os doentes estrangeiros, motivados pelo elevado custo ou pela ausência de uma determinada cirurgia no seu país de origem, contactam um serviço de concierge médico na esperança de obterem o serviço que desejam num país estrangeiro. O concierge coordena todos os preparativos da viagem, incluindo os bilhetes de avião, a marcação da cirurgia, a comunicação com os hotéis e os hospitais para o tempo de estadia necessário e a contratação de assistentes de enfermagem para examinar e ajudar o doente durante o processo de recuperação.

O plano consiste em realizar um estudo pormenorizado, com a duração de um ano, sobre a viabilidade da entrada das Filipinas no sector do turismo médico. O estudo deverá determinar a capacidade atual do país para fornecer os recursos humanos necessários: profissionais, médicos e enfermeiros qualificados, tecnologias e instalações hospitalares e hoteleiras.

Existem dois modelos de consultas médicas que também devem ser considerados. O primeiro modelo exige que os doentes estabeleçam uma chamada de videoconferência utilizando uma plataforma Web propriedade da empresa. A segunda opção é uma parceria entre empresas filipinas e instituições médicas do país onde reside o seu mercado-alvo. Os parceiros examinariam os doentes e apresentar-lhes-iam cirurgiões filipinos como opção preferencial, ou facilitariam a consulta. Neste último caso, o exame seria efectuado por um médico localizado nas Filipinas através de videoconferência ou com a ajuda de robôs de tele-saúde.

Justificação: O turismo médico pode contribuir para um crescimento económico mais amplo em vários sectores, como o turismo, a saúde e a educação. Este sector tem crescido substancialmente em vários países, como a Tailândia, Singapura e Índia. Em 2006, a Tailândia ganhou cerca de 1,1 mil milhões de dólares americanos com 1,4 milhões de pacientes estrangeiros que se deslocaram ao país para serem operados. Cada país, com base nas especialidades representadas pelos seus profissionais médicos e na tecnologia à sua disposição, tornou-se um centro para tipos específicos de cirurgias. Por exemplo,

A Tailândia é o centro das cirurgias cosméticas e de mudança de sexo. Singapura é mais conhecida pela cirurgia cardíaca e neurocirurgia, substituição de articulações e transplantes de fígado; e a Índia é especializada em cirurgias cardíacas e cosméticas (Ibid.).

As Filipinas já declararam o seu interesse pelo turismo médico (Connell, 2006). A localização estratégica do país no centro da Ásia Oriental e o desenvolvimento de um novo aeroporto em Metro Manila facilitam o acesso a partir da maior parte do mundo. A existência das mais recentes tecnologias médicas na maioria dos hospitais e o facto de um em cada três médicos nos EUA e no Reino Unido ser de origem filipina tornam mais razoável que os doentes do primeiro mundo sejam tratados nas Filipinas (Ibid.).

Custo: O custo estimado do estudo é de 500 000 USD, que poderá ser financiado pelo Departamento Federal de Ciência e Tecnologia e pelo Departamento de Saúde.

3.3.5 Centro de atendimento Superblock

Iniciativa estratégica: Desenvolver um superbloco em Las Pinas para servir como centro de expansão para BPOs de saúde

Plano: O plano consiste em criar um superbloco que seja mutuamente benéfico para:

- A expansão da empresa para os BPO da saúde e, por extensão, o reforço do empenhamento do país neste domínio;
- O recrutamento e a retenção de jovens profissionais filipinos, e
- O desenvolvimento económico da comunidade onde está localizado.

Empregados

Como já foi referido, os trabalhadores dos centros de atendimento têm um horário irregular, uma vez que este tem de coincidir com as horas de vigília dos clientes estrangeiros. No entanto, este não está sincronizado com o bairro onde residem atualmente. A proposta, portanto, é desenvolver uma comunidade onde eles possam viver, trabalhar e se divertir convenientemente, apesar da irregularidade de seus horários de trabalho. Para isso, o superbloco conteria o call center, um ginásio, restaurantes e apartamentos. Embora se parta do princípio de que estes jovens profissionais teriam a flexibilidade e o desejo de se mudarem para outra parte da cidade, seriam utilizados incentivos à mudança (por exemplo, passes de trânsito com desconto, a perspetiva de uma promoção rápida, etc.) para tornar a mudança mais atractiva para os empregados da base de Mandaluyong. O seu salário mensal também aumentaria em 50%, passando de 400 USD para 600 USD, como padrão para o trabalho de BPO no sector da saúde.

Empresas

Para angariar apoio local, sugere-se que a empresa envolva os líderes do Baranguay no processo de angariação de inquilinos comerciais para o edifício. Às empresas seria oferecido um desconto no aluguer durante o primeiro ano de ocupação. Os restaurantes também teriam a opção de escolher o aluguer com desconto ou a permissão para vender comida dentro do próprio centro de atendimento durante o almoço, proporcionando-lhes acesso direto aos seus clientes e a oportunidade de posicionar as suas marcas como escolhas preferidas.

Bairro

Como demonstração da sua boa vontade para com a comunidade, a empresa deve reservar 10 unidades habitacionais para serem compradas por indivíduos e famílias de baixo e médio rendimento que tenham obtido um empréstimo do Fundo Mútuo para o Desenvolvimento da Habitação, ou, como é mais conhecido, o Fundo Pag-IBIG. O fundo é um "programa de previdência ou poupança que oferece aos filipinos de baixo e médio rendimento uma opção de financiamento barato para comprarem a sua primeira casa (Lamudi, 2014)". Isto contribuiria para os objectivos do Plano de Sonho apoiado pelo governo federal, que identificou o aumento da habitação a preços acessíveis na NCR como um dos seus principais objectivos. A empresa deve solicitar aos filipinos expatriados, originários do local da sucursal, que invistam no projeto do superbloco.

Descrição física

Tal como aqui proposto, o superbloco conteria o centro de atendimento telefónico, bem como comodidades para os empregados, incentivos para as empresas, uma fonte de energia eficiente em termos energéticos e económica, e proporcionaria um impacto económico mensurável. O centro de atendimento telefónico seria um edifício de sete andares com cerca de 1500 metros quadrados de área. A área bruta total do centro de atendimento seria de 2450 metros quadrados. As habitações de rendimento misto situar-se-ão em dois edifícios, cada um com 10 unidades de apartamentos com um quarto e cinco unidades com dois quartos. Um edifício intermédio de dois andares forneceria os serviços necessários para o centro de atendimento telefónico e as habitações. Numa área bruta de 960 metros quadrados, aproximadamente um ginásio, 9 restaurantes e 2 espaços comerciais seriam fornecidos como serviços iniciais. A área bruta total estimada dos edifícios neste módulo físico seria de 5.800 metros quadrados.

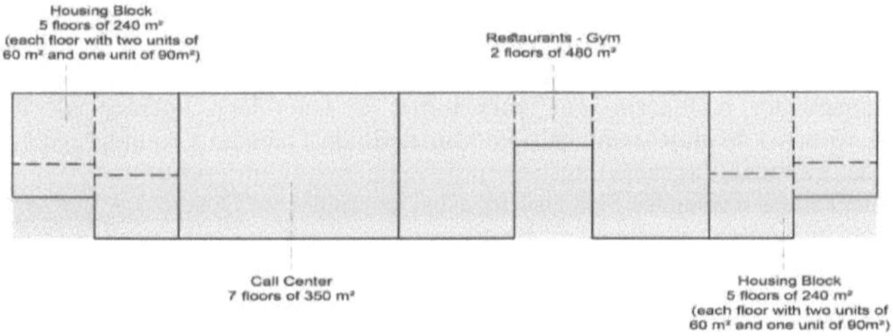

Figura 3.7: Módulo físico principal dos centros de atendimento, edifício de serviços e alojamento

Fonte: Autores do capítulo

Justificação: Anteriormente, a "falta de infra-estruturas de apoio adequadas e de mão de obra qualificada fora dos principais centros urbanos do país" era um impedimento ao estabelecimento de centros de atendimento fora do centro de cidades como Metro Manila (Lee, 2014). A necessidade de infra-estruturas e de uma mão de obra qualificada faz parte da justificação para estabelecer a primeira fase de uma rede de centros de atendimento em Mandaluyong. Também influencia a estrutura da expansão para o segundo local: a força de trabalho do centro da sede seria treinada para se tornar os funcionários iniciais do segundo centro. A localização proposta para a primeira sucursal é Las Pinas, que se situa no sul da área metropolitana de Manila (ver Figura 3.8). Sendo uma área designada para uso comercial, já está a ser equipada com os elementos essenciais necessários para as empresas, tais como fontes de energia, linhas telefónicas, Internet, etc.

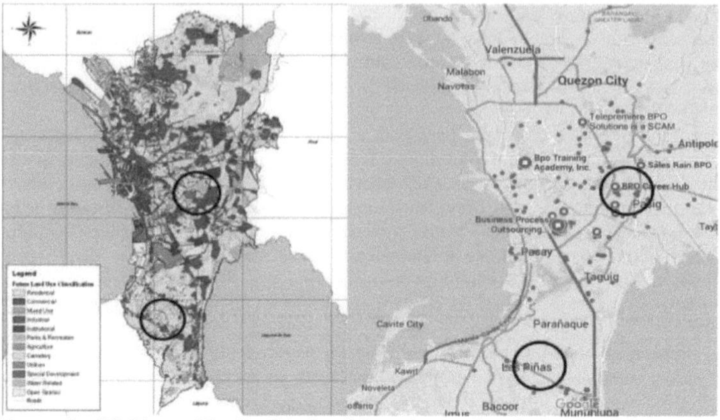

Figura 3.8: Esquerda: BPO's em Manila, Direita: Mapa de uso do solo de Manila
Fonte: Esquerda
http://www.srdp.com.ph/images/proj/gis disaster/climchange 3 lufut.jp, 2015; Direita - Google Maps, 2015

Este local foi também selecionado em antecipação do crescimento que esta subsecção específica de BPO traria à comunidade, incluindo indústrias associadas, tais como a construção e a produção alimentar, que seriam necessárias para a apoiar.

Custo: Com um custo médio de construção por metro quadrado na região metropolitana de Manila de $540 USD (Borines Builders Corp., 2015), seria necessário um montante total de aproximadamente $3.132.000 USD para terminar a construção de todo o módulo físico (incluindo dois blocos de habitação, o centro de atendimento e um edifício de serviços com um ginásio e restaurantes). Naturalmente, isto excluiria a aquisição de terrenos, equipamento, mobiliário, etc. para tornar o superbloco operacional. Prevê-se que um financiamento significativo do projeto provenha do Ministério do Trabalho e do Emprego e do Ministério das Obras Públicas e das Estradas, enquanto o restante provirá de investidores privados.

Os custos totais, bem como o calendário do projeto, estão resumidos no Quadro 3.9, que se segue.

3.4 Calendário

Ano	Plano	Total # Trabalhadores	Custos de capital (USD)	O&M (USD)
2016	300 (agentes BPO normais)			
	Recrutar a equipa de liderança			
	Salários mensais (gestor 600; comerciante 500; recrutador 500)	3	1600	
	Estabelecer parcerias com universidades e escolas técnicas locais para criar uma estratégia de recrutamento dirigida aos estudantes universitários (por exemplo, materiais impressos, anúncios, etc.)		400	Após 2 anos, o projeto será autossustentável.

	Estabelecer um escritório satélite em Mandaluyong			
	Preços de arrendamento de 10 por metro quadrado; 40/cubículo (450)		20 000	
	Computador, linha telefónica, auscultadores, mesa, cadeira e um lugar típico de call center (1400/cubículo)		630,000	
	Salários mensais (400/agente BPO normal)		120,000	
2017	300 (agentes BPO normais)			
	Lançamento do programa "treine agora, pague depois" (25ppl; 800/pessoa)		20,000	
	Salários mensais (400 agentes BPO normais)		120,000	
	Solicitar aos filipinos expatriados, originários do local da sucursal, que invistam o seu dinheiro no projeto superblock			

	Iniciar conversações com a Aetna e a Anthem para uma parceria de BPO no sector da saúde		480	
2018	300 (agente BPO normal) 150 (agente BPO saúde)			
Mont hly s	Começar em meados do ano; formar os actuais funcionários para as áreas de agentes de BPO de saúde (150)			
	Contratar uma agência de caça-talentos para procurar uma equipa de gestão (6-8 pessoas) para a sede norte e para a sucursal sul		2400	
	Adicionar 150 novos empregados para substituir os que receberam formação em conhecimentos de BPO de saúde e que serão transferidos para a sucursal do sul			
	Salários mensais (440/agente de saúde BPO; 150 - estagiários do primeiro ano)			66,000
	Salários mensais (400/agente BPO standard; 300)			120,000
2019	300 (agentes da BPO standard) 150 (agentes da BPO Saúde)			

	Continuar a formação para as áreas de agentes de BPO no domínio da saúde, que estará concluída até ao final do ano	150 (agentes de BPO da saúde)		
	Início da construção no sul (construção)		900,000	
	Computador, linha telefónica, auscultadores, mesa, cadeira e um lugar típico de call center (1400/cubículo)		900,000	
	Salários mensais			72,000

	(480/agente BPO da saúde; 150)			
	Salários mensais (400/agente BPO normal; 300)			120,000
2020	300 (agentes da BPO standard) 300 (agentes da BPO Saúde)			
	Incentivos à deslocalização (transporte, etc.). Expandir para outra cidade no sul	300 (150 norte e 150 sul; agentes do BPO da saúde)		

	Iniciar a formação a meio do ano para os novos funcionários das áreas de agentes de BPO da saúde (150) Salários mensais (440/agente de BPO da saúde; 150 - estagiários do primeiro ano)		66,000	
	Salários mensais (600/		180,000	
	Salários mensais (400/ (agente BPO padrão; sul e norte)		120,000	120,000
	Estudo de lançamento para determinar a viabilidade do turismo médico nas Filipinas		20,000	
Total		600 (300 agentes da BPO Standard) 300 (agentes da BPO Saúde)	5,060,72 0	498,000

Figura 3.9: Calendário e estimativas de custos

Fonte: Calculado pelos autores do capítulo

3.4.1 Operação e manutenção

Os custos de funcionamento e de manutenção são em grande parte imputados aos salários (a partir dos dois primeiros anos do plano). O total geral seria de $498.000 durante o período de 5 anos, que seria financiado pelas vendas e lucros gerados pelos dois centros de atendimento, bem como pelos pagamentos de aluguer e hipoteca das empresas e dos residentes, respetivamente.

3.4.2 Impacto económico

O projeto do centro de atendimento empregará aproximadamente 650 pessoas durante o período de 5 anos previsto. Os primeiros postos de trabalho criados no sul da área metropolitana de Manila estariam relacionados com a construção do superbloco, que contaria com uma média de 50 a 100 trabalhadores da construção civil durante oito meses. Haveria pelo menos dez empresas que alugariam espaço, bem como 300 empregados de call center que gastariam dinheiro no superbloco e na área circundante. Além disso, os empregados não seriam obrigados a viver no empreendimento da empresa após o seu primeiro ano no local, pelo que poderiam potencialmente comprar uma casa ou apartamento na zona, contribuindo assim para a economia local.

3.4.3 Ação imediata

Ao longo da última década, a região metropolitana de Manila beneficiou de um ganho económico substancial devido ao seu envolvimento no sector BPO. A inovação nesta área poderia ajudar a ultrapassar problemas como o desemprego, a concentração de empregos no centro da cidade e a "fuga de cérebros". O curso de ação deve incluir a criação de uma rede de escritórios de BPO localizados fora do centro da cidade e ligados a instituições de ensino superior; parcerias com empresas de seguros de saúde proeminentes dos EUA para dar credibilidade e impulsionar a entrada do país em BPOs relacionados com a saúde; e um esforço concertado para elevar o estatuto da profissão de call center como uma profissão que oferece não só um salário competitivo, mas também satisfação no trabalho e progressão na carreira.

CAPÍTULO 4

TRANSPORTE

Fonte: https://d0ctrine.files.wordpress.com/2012/04/img02081 -20120328- 0748.jpg, 2012

Janett Said
Cedric Suzuki

4.1 História e contexto do sector dos transportes terrestres de Manila

Como já foi referido, Metro Manila é a Região da Capital Nacional (NCR) das Filipinas e alberga quase 12 milhões de pessoas (Philippine Statistics Authority, 2015). Servindo a maior população urbana do país, o sistema de transportes terrestres de Metro Manila enfrenta o difícil desafio de ligar as suas 17 unidades governamentais locais (LGU). Atualmente, essas ligações compreendem duas linhas de LRT, uma linha de MRT, um extenso sistema de estradas locais e auto-estradas para automóveis particulares, triciclos, jeepneys, autocarros, bicicletas, pedicabs, ferries e percursos pedestres. Este capítulo explora o sistema de transporte terrestre de passageiros na MetroManila .

tráfego de passageiros nas Filipinas (Banco Asiático de Desenvolvimento, 2012), e a sua predominância excessiva na NCR faz com que o tráfego terrestre

o transporte de passageiros é o sector em que as alterações e melhorias terão o maior impacto na região.

O recente crescimento populacional e económico que a região metropolitana de Manila registou nas últimas décadas resultou na aceleração da posse de automóveis e, com isso, no aumento do congestionamento (Banco Asiático de Desenvolvimento, 2012), da poluição (Robles, 2012) e dos dispendiosos tempos de deslocação. Um relatório do Banco Asiático de Desenvolvimento estima em 4,6% as perdas do PIB em congestionamentos (ADB, 2012; Buco, 2009; Robles, 2012) e acidentes de trânsito (Flor, n. d.). Em 2007, o principal tipo de veículos motorizados registados no país eram os *motociclos* e *triciclos*, que constituíam aproximadamente 48% de todos os veículos motorizados registados, seguidos dos *veículos utilitários* (incluindo jeepneys), que eram aproximadamente 29%, *dos automóveis*, que representavam 14%, *dos veículos utilitários desportivos*, que representavam 3%, *dos autocarros*, que representavam 0,5%, e dos *reboques*, que representavam 0,4% de todos os veículos motorizados registados no país (Ibid.).

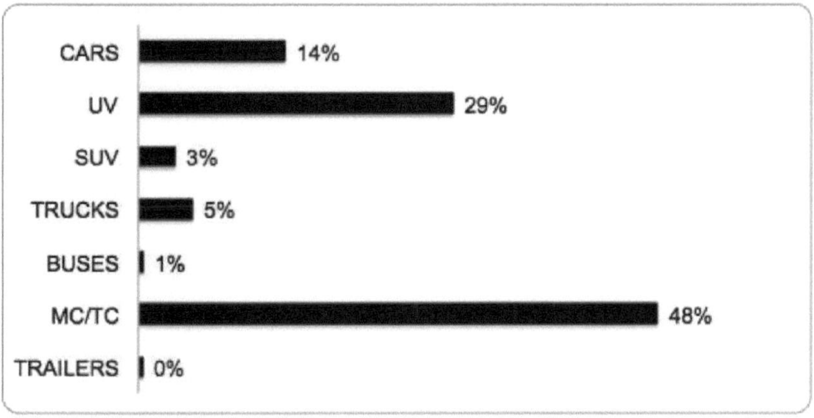

Quadro 4.1: Repartição dos veículos a motor registados em 2007 para a Filipinas
Fonte: Flor, n. d.

Prevê-se que os problemas relacionados com os veículos motorizados aumentem se não houver uma mudança no atual sistema de transportes. O Gabinete de Transportes Terrestres das Filipinas informou que o número de registos de veículos tem vindo a crescer a uma taxa de 6% ao ano (Banco Mundial, 2011). Além disso, o crescimento populacional na região metropolitana de Manila nas últimas décadas tem vindo a formar rapidamente um corredor semelhante a uma cintura que rodeia o centro da cidade (Murakami e Palijon, 2005), exigindo meios mais eficientes, sustentáveis e preocupados com a saúde para ligar as populações metropolitanas de uma forma que não ameace ainda mais a saúde pública ou cause mais degradação ao ambiente (uma vez que a proliferação da construção de loteamentos está a contribuir para a degradação dos solos e para as inundações, como referido por Murakami e Palijon, 2005).

O foco do governo nacional para o sector dos transportes tem sido influenciado pelo grande processo de descentralização que marca as últimas décadas (Porio, 2012). Essa descentralização resultou na devolução do poder e da prestação de serviços do governo nacional para as unidades locais de governo (LGUs), o que colocou as comunidades mais próximas de suas autoridades, mas também fortaleceu as elites políticas e a corrupção. Além disso, isto deixou algumas LGU's desequipadas e despreparadas para assumir funções de planeamento dos transportes que requerem uma maior visão (regional), coordenação e financiamento. A fraca gestão local dos esforços de planeamento dos transportes contribuiu para deficiências no desembolso de fundos de infra-estruturas, deixando 44% do orçamento disponível do Departamento de Obras Públicas e Auto-estradas (DPWH) por utilizar em 2007, apesar da procura substancial de projectos que abordam questões de transportes (Banco Asiático de Desenvolvimento, 2012).

O processo de descentralização também colocou a ênfase na distribuição mais uniforme dos esforços de infra-estruturas nacionais por todo o arquipélago, o que se traduziu em esforços para construir mais auto-estradas e estradas nacionais com o objetivo de pavimentar todas as estradas nacionais até 2016 (*Royal Gazette*, 2015). O ambicioso objetivo de consolidar uma rede rodoviária que liga vastas quantidades de terrenos sem ligação entre si retirou o foco da resolução dos complexos problemas de transporte da NCR. Este facto é visível quando se analisa a repartição regional dos fundos do DPWH dedicados às infra-estruturas para o ano fiscal de 2015, que atribuiu 8,8% do seu orçamento de 4,5 mil milhões de USD à Região da Capital Nacional, por oposição a outras regiões que requerem projectos mais complexos e que recebem entre 18% e 29,3% dos fundos do DPWH (DPWH, 2015) (ver Figura 4.2 abaixo*)*. A reduzida presença de fundos nacionais e a difícil gestão local das iniciativas de transporte resultaram na maior presença de projectos de iniciativa privada iniciados através de propostas não solicitadas às LGU e também através de parcerias público-privadas (Banco Asiático de Desenvolvimento, 2012). Além disso, a forte cultura de infraestrutura de transporte liderada por investimentos estrangeiros que predominou nas Filipinas na década de 1990 ainda é significativa (Donaldson, et al., 1997), além da ajuda externa ter sido adicionada à mistura de financiamento do governo não nacional para projetos de transporte na região.

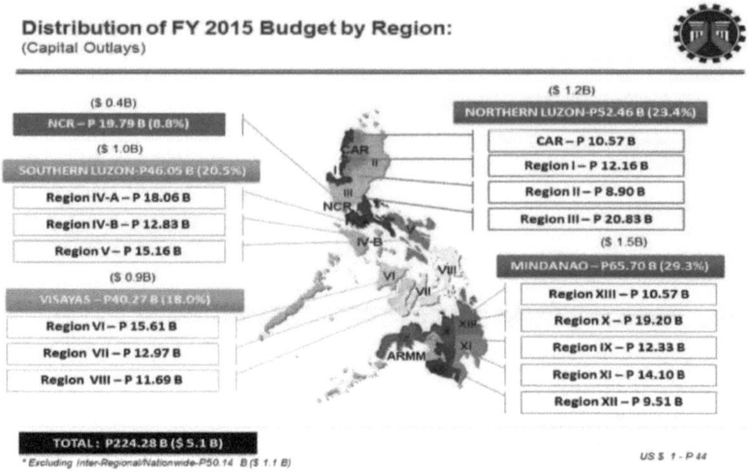

Quadro 4.2: Distribuição do orçamento do ano fiscal de 2015 pela DPWH

Fonte: Departamento de Obras Públicas e Auto-estradas, n. d.

O rápido crescimento da população, o fraco, subfinanciado e desconectado planeamento dos transportes a nível local, bem como a visão desproporcionada dos transportes centrada no automóvel, deixaram a região de mais rápido crescimento do país, Metro Manila, com um sistema de transportes incapaz de acompanhar a procura da sua crescente população e dos seus 3 milhões de passageiros diários (Robles, 2012). Além disso, a solução proposta pelo governo nacional, reflectida na grande percentagem de despesas com auto-estradas - 63% do orçamento do ano fiscal de 2015, como mostra o Quadro 4.3 - para a construção de mais auto-estradas, é um dos principais contribuintes, e não uma solução para estes problemas.

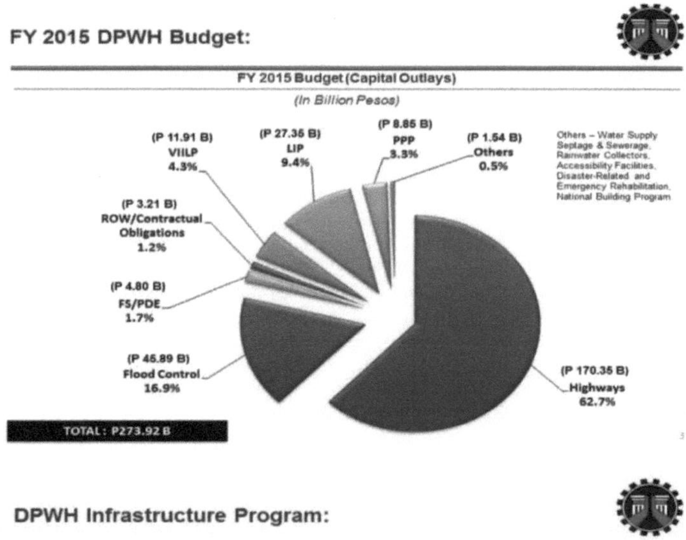

Figura 4.3: Gráfico do DPWH - Mostra 63% dos fundos do ano fiscal do DPWH Atribuído ao desenvolvimento da autoestrada

Fonte: Departamento de Obras Públicas e Auto-estradas, n. d.

A análise visual do extenso sistema de grelha da área metropolitana de Manila (Figura 4.4), juntamente com a sobreposição de áreas de alta densidade, revela uma necessidade muito óbvia de sistemas eficazes de transportes internos que liguem as populações da região metropolitana.

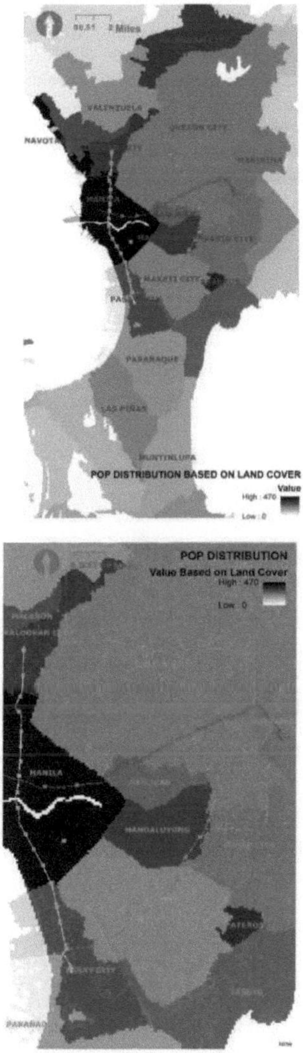

Figura 4.4: Mapas - Transportes Públicos Existentes e População de 2015 Distribuída com Base na Cobertura do Solo

Fonte: Autores do capítulo

As actuais linhas de LRT e MRT estão posicionadas para servir viagens de média e longa distância, mas estão extremamente acima da sua capacidade, com mais de 450.000 passageiros por dia a utilizar um sistema concebido apenas para 350.000, mesmo com capacidades recentemente expandidas (*Railway Gazette International*, 2007). Apesar das extensões ferroviárias planeadas para a Linha 4 e a Linha 6 do sistema ferroviário existente, bem como da linha Manila-Calabarzon Express (MCX), a maioria dos problemas de congestionamento da cidade reside no número de veículos motorizados que inundam a infraestrutura rodoviária da região. Além disso, a falta de meios de transporte coletivo eficientes e bem definidos para cobrir viagens de curta e média distância leva a que as pessoas recorram a viagens de carro ou jeepney insustentáveis, ineficientes e poluentes (ver Figura 4.5), ou agravem ainda mais os problemas de excesso de capacidade dos principais sistemas ferroviários.

Um ícone cultural memorável, o jeepney é um veículo exclusivo das Filipinas. Inspirados nos jipes militares deixados para trás pelo exército dos EUA após a Segunda Guerra Mundial, os jeepneys são um meio de transporte incrivelmente popular. O seu preço acessível e a sua relativa simplicidade fazem com que sejam utilizados como veículos de transporte comercial ou de passageiros, devido às suas grandes dimensões. Funcionam como um substituto informal do sistema de autocarros, com uma seleção variável de rotas baseada na procura de passageiros. Embora o governo mantenha uma contagem oficial baseada nos registos dos veículos, muitos jeepneys não estão registados porque são fáceis de fabricar e adquirir. A maioria dos jeepneys em Manila é movida a gasóleo, mas há alguns modelos eléctricos que circulam em maior número nas estradas.

Figura 4.5: Jeepney Spotlight

Fonte: https://quinsprogress.files.wordpress.com/2014/03/jeepney8.jpg, 2014

4.2 Questões sectoriais

Foi efectuada uma análise SWOT (ver Anexo 4.6) que identifica os pontos fortes, os pontos fracos, as oportunidades e as ameaças do sistema de transportes da região, a fim de conhecer as questões em jogo. Estas conclusões são o resultado de uma exploração visual dos LGU da região, da análise da utilização dos solos e da investigação sobre a utilização dos solos (Murakami e Palijon, 2005)

PONTOS FORTES	PONTOS FRACOS
Desenvolvimento compacto Boa conetividade Aberto aos transportes públicos	Não é um bom sistema para viagens de curta ou média distância Não existem boas ligações com a periferia Obstáculos ao tecido urbano Cursos de água inutilizáveis
OPORTUNIDADES	**AMEAÇAS**

Devolução = mais perto das comunidades Cultura de autoajuda Investimento estrangeiro Topografia	Devolução = subfinanciamento e corrupção Estilos de vida insustentáveis dos ricos Investimento contraproducente do governo em projectos orientados para o automóvel Pobreza Inundações e outras catástrofes naturais

Figura 4.6: Análise SWOT

Fonte: Autores do capítulo

4.1.1 Pontos fortes

A equipa de transportes concluiu, através da sua análise, que a região apresenta padrões de desenvolvimento compactos desejáveis, especialmente perto do centro. O layout do desenvolvimento existente exibe padrões de conetividade muito bons e potencial para conexões ainda mais fortes. Além disso, as altas densidades, especialmente nos LGUs mais urbanizados, tornam a área propícia para sistemas de transporte coletivo.

Outro ponto forte do contexto da região metropolitana de Manila é o facto de a população geral da região estar aberta aos transportes públicos e aos meios de transporte motorizados de menor impacto, ao contrário das regiões em que existe uma cultura mais forte do automóvel particular. A abertura aos transportes públicos (sob a forma de jeepneys) e aos veículos motorizados de menor impacto (triciclos e motociclos) é visível pelo número de utilizadores que estes meios apresentam. Apesar das suas contagens informais, um rápido olhar para qualquer rua de Manila torna claro que estes meios são omnipresentes na vida dos residentes da área metropolitana de Manila, com estimativas de jeepneys que atingem 50.000 veículos por dia (Syed, 2013). Sublinha-se aqui que melhorar as falhas dos sistemas existentes que já têm elevados níveis de utilização teria um impacto tremendo, e esta abordagem permitiria preservar uma componente vital da cultura local.

4.1.2 Pontos fracos

A área metropolitana de Manila dispõe de muito poucos meios sustentáveis e convenientes para viagens inter-bairros e inter-metropolitanas. É razoável supor que os habitantes da cidade que chegam de outras regiões ou dos arredores da NCR terão de recorrer a sistemas ferroviários ou de autocarros para aceder à região metropolitana. No entanto, há falta de alternativas para os residentes que efectuam viagens de curta e média distância. Estas deficiências estão a contribuir para o aumento das viagens de jeepney e de automóvel e a saturar a capacidade das linhas ferroviárias. Esta situação é visível através dos elevados níveis de congestionamento automóvel e das longas filas nas estações de MRT e LRT. Embora os jeepneys tradicionais sejam mais bem sucedidos no acesso e serviço de áreas que não dispõem de rotas formais de transportes públicos, a sua dependência do gasóleo para o seu funcionamento é profundamente prejudicial para o ambiente e contribui para a má qualidade do ar na região.

Outro problema presente é a falta de ligações ferroviárias com algumas LGU's na periferia da região metropolitana. Esta área semelhante a uma cintura parece estar a absorver grande parte do crescimento populacional da região nas últimas décadas (Murakami e Palijon, 2005). Se sistemas de transporte fiáveis e sustentáveis não chegarem a estas áreas, as comunidades adoptarão provavelmente meios de transporte menos sustentáveis, como a "posse forçada de automóveis", recorrerão a jeepneys a gasóleo, perpetuando assim a poluição do centro, ou permanecerão isoladas e desligadas das oportunidades da área metropolitana de Manila. Esta última deve ser uma preocupação, uma vez que a investigação encontrou ligações entre a exclusão e a desvantagem dos transportes (Graham, 2011).

Outro ponto fraco da região são as bolsas significativas onde o tecido urbano apresenta obstáculos a uma rede coesa e conectada. Estas zonas incluem locais em que seria difícil estabelecer uma hierarquia de primazia de trajectos devido à elevada complexidade de diferentes padrões de rede.

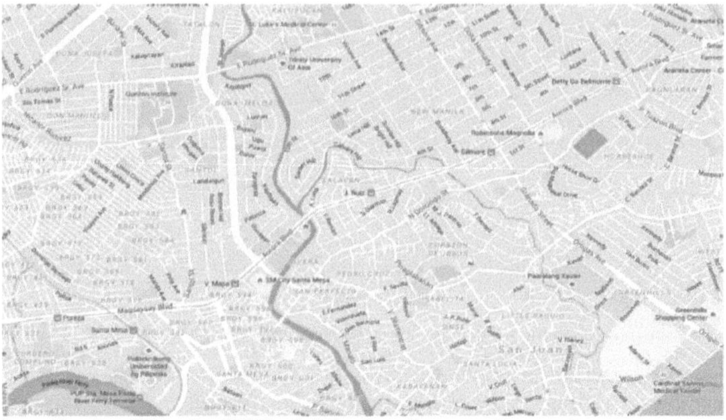

Figura 4.7: Mapa Google - Vista das LGUs de Manila e da sua rede complexa Padrões e sistema hierárquico regional

Fonte: Google Maps, 2015

Por último, as bolsas existentes de loteamentos de baixa densidade espalhados pelos bairros constituem um desafio para a região. Estas subdivisões, que constituem um obstáculo ao desenvolvimento da área metropolitana de Manila, não só devido aos seus efeitos nocivos sobre os terrenos agrícolas contíguos e ao aumento dos padrões de inundação (Murakami e Palijon, 2005), mas também porque criam mais obstáculos à inclusão conveniente destes locais na rede de transportes públicos.

4.1.3 Oportunidades

A atual tendência nacional de devolução de poderes aos governos locais (Porio, 2012) está longe de ser perfeita, mas este processo teve alguns resultados positivos, tais como colocar o público em geral mais perto das suas autoridades locais. Isto é especialmente importante para a implementação de qualquer programa a nível regional, para garantir que os programas e iniciativas se adaptam às necessidades e especificações locais. A fraca resposta nacional à escassez de habitação planeada, ao crescimento populacional, às migrações rural-urbanas e ao limitado planeamento urbano regional criou uma forte cultura de desenvolvimento comunitário de autoajuda na região. Embora se trate de um fenómeno altamente complexo com muitas implicações, do ponto de vista dos transportes, isto pode ser visto como uma oportunidade. As comunidades de autoajuda nas fases iniciais estão frequentemente mais empenhadas e investidas nos esforços de desenvolvimento comunitário, uma vez que se reúnem para obter serviços básicos, sendo o transporte um deles. Os seus orçamentos limitados significam que as iniciativas de transporte teriam de ser acessíveis e económicas para as populações com baixos rendimentos. A falta de redes de transporte formais estabelecidas nestas áreas oferece a oportunidade de introduzir, desde o início, sistemas que sejam sustentáveis e acessíveis às populações, bem como menos prejudiciais para estas comunidades a longo prazo. Isso poderia ajudar a compensar a degradação do solo (Murakami e Palijon, 2005) causada pela urbanização extensiva devido ao desenvolvimento de loteamentos.

Outra oportunidade a aproveitar é a presença de investimento estrangeiro na região metropolitana de Manila, especialmente para projectos de infra-estruturas. A equipa de transportes considera que o investimento estrangeiro é forte e que a atual popularidade do investimento em desenvolvimento constitui uma oportunidade para identificar fontes de financiamento de empresas com um historial de concessão de empréstimos para iniciativas no domínio dos transportes.

As iniciativas de transporte que dependem de veículos não motorizados, como as bicicletas, podem beneficiar de uma paisagem relativamente plana (ver Figura 4.8). No caso da região metropolitana de Manila, a topografia apresenta uma oportunidade para sistemas de transporte com baixo impacto na utilização de veículos motorizados e não motorizados.

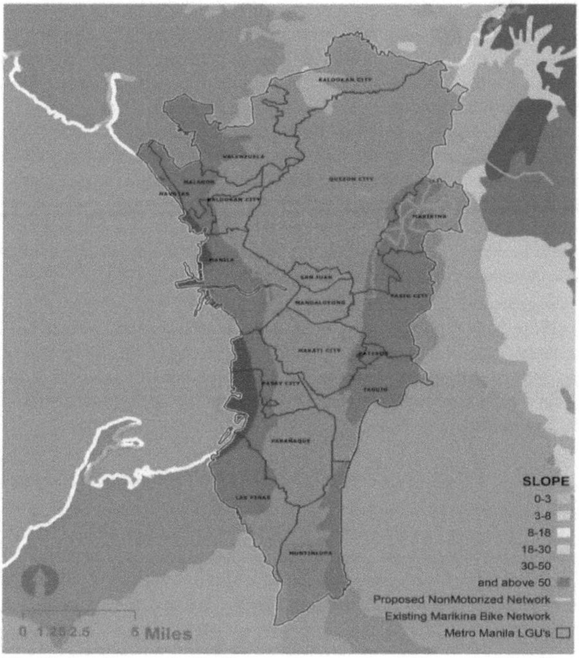

Figura 4.8: Mapa SIG - Percentagens de declive na área metropolitana de Manila sobrepostas com Caminhos verdes propostos

Fonte: Câmara de Compensação de Dados SIG das Filipinas, 2015

4.1.4 Ameaças

O processo de devolução anteriormente discutido, que tem estado a decorrer nas Filipinas nas últimas décadas, foi identificado como uma oportunidade para reduzir a distância entre as autoridades locais e os seus constituintes. No entanto, as preocupações com o clientelismo, a corrupção e o elitismo no sistema político (Porio, 2012) constituem um obstáculo à garantia de que os programas do topo para a base proporcionem todos os benefícios às comunidades que os adoptam. Além disso, esta tendência de descentralização resultou em alguns casos em que a responsabilidade pode ter sido delegada a UGLs sem os recursos técnicos, administrativos ou monetários para cumprir as tarefas atribuídas.

Uma ameaça ao processo de construção de um sistema de transportes holístico é a perceção do desenvolvimento orientado para o automóvel como um sinal de progresso económico. O crescimento económico registado no país nos últimos anos, associado à exposição a conceitos globalizados de riqueza e às expectativas de estilos de vida abastados, está a ser traduzido na forma urbana. A ideologia está a tornar-se visível através do aumento de loteamentos de baixa densidade, condomínios fechados e estilos de vida com automóveis particulares. Este padrão insustentável de crescimento, um processo experimentado em muitos outros países em desenvolvimento, incluindo os da Ásia (Hubacek, Guab e Barua, 2007), coloca um grande desafio a qualquer reforma dos transportes, uma vez que as escolhas dos modos de transporte são largamente influenciadas pela ideologia dos utilizadores, em oposição à racionalidade.

Outra ameaça que afecta o planeamento dos transportes na área metropolitana de Manila é a quantidade de fundos nacionais investidos no desenvolvimento orientado para o automóvel (ver Quadro 4.3 acima). Embora o investimento dedicado a ligar comunidades isoladas e a fazer as reparações necessárias nas estradas seja fundamental, a magnitude do desenvolvimento de infra-estruturas planeado, como a formação de auto-estradas e os projectos rodoviários, é contraproducente para quaisquer esforços de mudança para um sistema mais sustentável. Além disso, estes esforços estão muitas vezes intimamente ligados à urbanização extensiva e contribuem para problemas como a degradação dos solos, o congestionamento e a poluição que a região tem vindo a registar (Murakami e Palijon, 2005).

A gravidade da pobreza na NCR, que foi discutida em pormenor no Capítulo 2, também coloca alguns limites à conceção de sistemas de transporte para a área metropolitana de Manila. A prevalência da pobreza implica que as medidas propostas teriam de ser, antes de mais, economicamente acessíveis e profundamente subsidiadas. Há que ter em conta a necessidade de manter iniciativas que sejam socialmente inclusivas para evitar o isolamento de grupos mal servidos.

Por último, a localização, a paisagem e os solos da área metropolitana de Manila têm sido historicamente propensos a inundações. No entanto, o recente aumento da frequência e intensidade das catástrofes naturais que se acredita estarem ligadas às alterações climáticas está a aumentar a gravidade das inundações. Por conseguinte, as soluções de transportes públicos devem funcionar de modo a não agravar as inundações, os bloqueios naturais de absorção de água ou contribuir para a degradação dos solos. Além disso, os sistemas de transporte devem também facilitar a deslocação de grandes multidões em caso de catástrofes naturais e tentar melhorar a conetividade entre as LGU e as rotas de evacuação (Porio, 2011).

4.3 Priorização de programas e projectos

Uma vez concluída a análise SWOT, a equipa de transportes identificou os sectores em que os seus projectos teriam maior impacto dentro das limitações acima referidas. Assim, foi decidido concentrar-se nas áreas em que os planos dariam um contributo positivo tangível e fazer recomendações adicionais para algumas iniciativas que podem ser necessárias mas não realizáveis durante o período de tempo deste plano ambiental quinquenal para a área metropolitana de Manila.

4.3.1 Soluções

Após a análise das questões, a proposta de transporte consiste em três iniciativas principais.

1. Iniciativa a curto prazo - Com a duração de 5 anos, esta fase centra-se nos modos de transporte mais predominantes na região: os jeepneys e os triciclos. Devido ao significado cultural e económico destes veículos, a sua forma e função gerais seriam preservadas, mas estes veículos passariam de motores a diesel para modelos eléctricos. Isto ajudaria a reduzir a dependência da nação em relação ao combustível estrangeiro e teria o maior impacto num curto período de tempo.
2. Iniciativa a médio prazo - Com a duração de 5 anos, esta fase consistiria num programa social contínuo a longo prazo, centrado na educação de jovens adultos, adolescentes e crianças sobre meios de transporte sustentáveis e no incentivo a uma cultura ciclista. Isto seria conseguido através dos meios de comunicação social, programas escolares e actividades de lazer. A área metropolitana de Manila já está a passar por uma crise de congestionamento e as tendências demográficas mostram que as crianças e os adolescentes são os maiores grupos demográficos da população. À medida que estes grandes grupos atingem a idade adulta, o impacto das suas escolhas prevalecentes para os modos de transporte será profundamente significativo, quer agravando ainda mais os actuais problemas do sector dos transportes para níveis sem precedentes, quer ajudando a transição da região para redes de transportes mais sustentáveis.
3. Iniciativa de Longo Prazo - Com a duração de 15 anos, nesta fase, a criação de redes inter-LGUnão motorizadas ou de baixo impacto para facilitar viagens curtas. A bicicleta, a e-tricicleta e a caminhada foram selecionadas como os principais meios de transporte para esses corredores. O plano é identificar caminhos estreitos existentes que permeiam o tecido urbano e que já servem como vias de transporte não motorizado. Esses corredores apresentam uma mistura vibrante de usos, e investimentos que os formalizem em vias verdes incentivariam o transporte não motorizado.

Esta estratégia em três vertentes visa abordar a principal questão em jogo: o facto de um sistema de transportes orientado para o automóvel ser um sistema que não é realisticamente sustentável para esta região. A infraestrutura necessária para apoiar um sistema orientado para o automóvel, baseado num desenvolvimento urbano extensivo e em expansão, é contraditória com a paisagem natural da região metropolitana de Manila. A continuação dos actuais padrões de desenvolvimento do território não é possível devido à contenção da região por fronteiras marítimas. Além disso, a região necessita constantemente de mecanismos naturais de absorção de água para fazer face aos frequentes fenómenos de acumulação de água que se seguem aos padrões de precipitação intensa da zona. Além disso, as densidades que a região metropolitana de Manila apresenta tornariam insustentável que todos conduzissem um automóvel. As ineficiências da procura maciça de estacionamento que esta situação geraria resultariam numa sobrecarga substancial de terrenos que a região não pode acomodar.

4.4 Iniciativa a curto prazo

Os jeepneys e triciclos a gasóleo são a principal opção de transporte nas LGU urbanizadas e mesmo nas comunidades em processo de desenvolvimento. Os sistemas de jeepney e triciclo a gasóleo são bem sucedidos devido ao facto de adaptarem as rotas às necessidades locais e de se manterem acessíveis aos utilizadores;

assim, este é um sistema difícil de mudar de um dia para o outro. No entanto, o congestionamento e a poluição que estes veículos geram exigem uma transformação urgente destes sistemas.

4.4.1 Programa E-Jeepney

A proposta aqui defendida consiste na criação de um *Programa de Veículos Eléctricos*, a fim de substituir os jeepneys a gasóleo e os triciclos a dois tempos por e-jeepneys e etriciclos mais sustentáveis. Atualmente, um jeepney a gasóleo custa, em média, 10.200 USD para ser comprado e 20 USD para funcionar diariamente. Em contraste, o e-Jeepney médio custa 13 100 USD para comprar e 10 USD para as operações diárias. Isto significa que o custo de aquisição a preço de mercado seria 23% superior ao dos actuais jeepneys a diesel, mas com uma redução de 50% no custo da operação diária. A proposta deste plano consiste em levar a cabo uma intensa campanha de transição para os e-jeepneys, tornando estes veículos eléctricos económicos, acessíveis e atractivos para os utilizadores. Para tal, a equipa de transportes propõe subsidiar os custos dos veículos, criando para os utilizadores um programa de "rent to own" para aquisição de e-jeepneys. Estes e-jeepneys poderiam ser adquiridos inicialmente por 5000 USD no primeiro ano, o que significa que comprar um e-jeepney ao abrigo do programa seria mais de 50% mais barato do que um jeepney a gasóleo. O restante custo do veículo seria pago durante um período de quatro a cinco anos, após o qual o veículo pertenceria completamente ao utilizador. A principal condição deste programa é que os utilizadores devem trocar o seu jeepney a gasóleo para poderem comprar um e- jeepney ao preço subsidiado. Esta parte do programa "cash-for-clunkers" seria fundamental para retirar os jeepneys a gasóleo poluentes das estradas da região metropolitana de Manila. Teriam de ser implementados controlos do programa para evitar que os utilizadores não comerciais adquirissem estes veículos com desconto para uso recreativo ou pessoal. Um esquema de aluguer para aquisição tornaria acessível a transição dos jeepneys a gasóleo para os eléctricos, permitindo que os potenciais utilizadores, em especial os que têm rendimentos mais baixos, distribuíssem os pagamentos da aquisição do veículo ao longo de vários anos.

O programa e-Jeepney imporia uma carga total de energia de 336.000 kWh por dia na capacidade total do programa (10.000 veículos), com os veículos eléctricos individuais a consumirem 33,6 kWh diariamente. Com o objetivo proposto de substituir 10.000 unidades, o programa custaria: 126 milhões de dólares para os veículos, 90 milhões de dólares para 500 estações de carregamento solar, 13 milhões de dólares para 250 terminais e-Jeepney e 5 milhões de dólares para a manutenção anual de todos os veículos. O custo total geral para a duração do programa, estabelecido para cinco anos, está estimado em 229 milhões de dólares. No entanto, poderá haver oportunidades de obter algum fluxo de receitas com a reciclagem dos veículos a gasóleo adquiridos durante a parte do programa que visa o pagamento em dinheiro por veículos fora de uso. Além disso, a troca de veículos a gasóleo obsoletos por jeepney não só os retira da estrada, como também incentiva a compra de veículos com energias mais limpas, tal como constatado por um estudo da Brookings que avaliou os resultados do programa "cash-for-clunkers" dos EUA (Gayer, 2013).

4.4.2 Programa E-Tricycle

À semelhança do programa e-jeepney, é proposto um programa que facilitaria a transição dos triciclos a dois tempos para os triciclos eléctricos. O triciclo a gás custa em média 600 USD, o que é extremamente acessível. Os modelos eléctricos são significativamente mais caros, com uma média de 8000 USD por veículo. No entanto, os custos diários de operação para os utilizadores passariam de 5 USD por dia para um triciclo a gás para 1 USD por dia para um triciclo elétrico, o que pouparia dinheiro aos utilizadores a longo prazo. À semelhança do programa e-Jeepney, os triciclos eléctricos seriam fortemente subsidiados para permitir que os utilizadores comprassem estes veículos por $4000 USD cada. Mesmo com o preço subsidiado, os triciclos eléctricos seriam quase sete vezes mais caros do que um triciclo a gasolina. No entanto, a maior fiabilidade e os menores custos de manutenção dos veículos teriam de ser enfatizados através de fortes tácticas de marketing complementares a uma campanha de marketing mais alargada sobre veículos eléctricos. Estes triciclos eléctricos estariam disponíveis tanto para uso comercial como privado. À semelhança do programa e-jeepney, o triciclo elétrico teria um mecanismo de aluguer que permitiria ao utilizador dividir o custo total do veículo em prestações mensais.

A carga energética do programa de bicicletas eléctricas é estimada em cerca de 96 V por dia e por veículo.

4.4.3 Objectivos da iniciativa a curto prazo

O objetivo desta iniciativa a curto prazo é trabalhar no âmbito da cultura local para introduzir alterações significativas nos sistemas de transporte ao nível do bairro, a fim de reduzir os danos ambientais e o congestionamento na região como um todo. Além disso, este programa forneceria soluções de transporte financeiramente acessíveis para viagens de curta e média distância que também são sustentáveis a longo prazo. O custo combinado dos programas e-jeepney e etricycle é de $629.146.185 USD.

4.5 Iniciativa a médio prazo

Para a iniciativa a médio prazo, que tem a duração de 5 anos, o plano centrar-se-á na educação das gerações futuras. A pirâmide demográfica da cidade de Manila, correspondente aos dados do Censo de 2010, demonstra que uma grande parte da população tem 19 anos ou menos (ver Figura 4.9). É fundamental visar estes grupos para os educar sobre as escolhas de transportes sustentáveis à medida que transitam para a idade adulta. Como já foi referido, a área metropolitana de Manila tem uma população de quase 12 milhões de pessoas, que aumenta para cerca de 15 milhões durante o dia devido a um grande afluxo de trabalhadores pendulares (Robles, 2012). Os modos de transporte mais populares são largamente insustentáveis, quando se considera o número de indivíduos que entrarão na idade adulta durante a próxima década. Entende-se que esta geração é fundamental para determinar se as próximas décadas irão remediar os problemas de transporte que estão a impedir a região de atingir o seu pleno potencial económico, social e ambiental.

Figura 2

Pirâmide Idade-Sexo da População do Agregado Familiar

Cidade de Manila, 2010

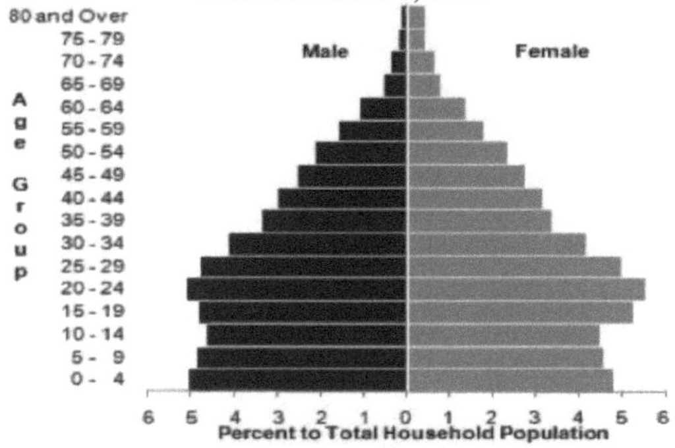

Ilustração 4.9: Gráfico - Pirâmide populacional da cidade de Manila mostrando grandes População prestes a entrar na idade adulta

Fonte: Autores do capítulo

Para esta iniciativa a médio prazo, são propostos programas educativos e culturais intensos para encorajar escolhas de transporte não motorizado. Estes programas seriam realizados através dos currículos escolares, trabalhando em estreita colaboração com o Departamento de Educação. Seriam programados tanto durante o dia escolar como depois do horário escolar.

Para educar os adolescentes e os jovens adultos, esta campanha manifestar-se-ia através de formas electrónicas, como as redes sociais, a rádio e a televisão. As parcerias com organizações em áreas com elevado número de utentes de transportes públicos também poderiam ajudar a criar programas locais personalizados. Para chegar aos utilizadores ao nível do bairro, recomenda-se também a implementação destes programas através de organizações estabelecidas, como as LGU e as paróquias. Isso envolveria os adultos e trabalharia dentro das redes existentes de comunicação e influência da comunidade.

Eventos metropolitanos, à escala regional, para encorajar os utilizadores a experimentar veículos não motorizados, como os First Bike Sundays, Bike to Work Days e festivais adjacentes a infra-estruturas de ciclismo, ajudariam a criar uma dinâmica para trazer estes jovens para os trilhos e ajudariam a posicionar estas vias como importantes comodidades de bairro.

4.6 Iniciativa a longo prazo

A análise da região metropolitana de Manila realizada para este capítulo revelou que apenas um número limitado de LGU é bem servido por transportes públicos, dando origem às soluções de transporte informais anteriormente mencionadas, como os jeepneys a gasóleo e os triciclos a gás. Estes meios de transporte geram níveis significativos de poluição e congestionamento na região. Descobriu-se também que os percursos existentes de veículos não motorizados (peões e bicicletas) e de veículos motorizados de baixo impacto (triciclos), ocorrem normalmente ao longo de ruas estreitas, nas quais se verificou organicamente um desenvolvimento vibrante de uso misto. Estes percursos modelam os ideais das redes de transporte internas da LGU que a equipa de transportes está a tentar encorajar, e estas iniciativas foram, por isso, designadas por Caminhos Verdes de Metro Manila.

4.6.1 Redes verdes

Estas vias seriam "verdes", uma vez que seriam exclusivamente acessíveis a peões, bicicletas, e-Triciclos e veículos similares não motorizados ou veículos eléctricos motorizados de baixo impacto. Os corredores existentes que exibem economias de autoajuda, que apresentam usos mistos vibrantes e tráfego limitado de veículos, seriam formalizados como Vias Verdes.

Na área metropolitana de Manila, onde o tempo médio de deslocação é longo, estas vias seriam uma alternativa atractiva. As Vias Verdes teriam tempos de deslocação mais rápidos e a experiência em si seria mais agradável do que ficar parado no trânsito ao longo de uma avenida congestionada. A atividade económica ao longo destes corredores satisfaria as necessidades alimentares, comerciais e de serviços dos utilizadores todos os dias. A ênfase na utilização de veículos de baixo impacto nestes corredores significa que a construção de vias poderia utilizar materiais mais permeáveis, uma vez que nem sempre seria necessário utilizar betão tradicional, asfalto ou materiais duros semelhantes.

Prevê-se que estes corredores sirvam de ligações internas a norte e a sul do LRT2 e dentro das rotas ferroviárias do LRT1 e do MRT, formando uma série de redes circulares interligadas que ligam áreas dispersas e criam centros de elevada conetividade (ver Figura 4.10). Para o desenvolvimento futuro de percursos não abrangidos por esta proposta a 15 anos, recomenda-se que estes percursos sejam alargados às UGL mais densas para além do limite urbano criado pela Avenida Epifanio de los Santos.

Os corredores forneceriam as comodidades necessárias, como estações de serviço para bicicletas e chuveiros. Iniciativas complementares, tais como programas de redes sociais, rezoneamento ao longo das rotas para formalizar os usos mistos existentes e programas de servidão ou propriedade, assegurariam a viabilidade a longo prazo das Vias Verdes, tal como inicialmente previsto.

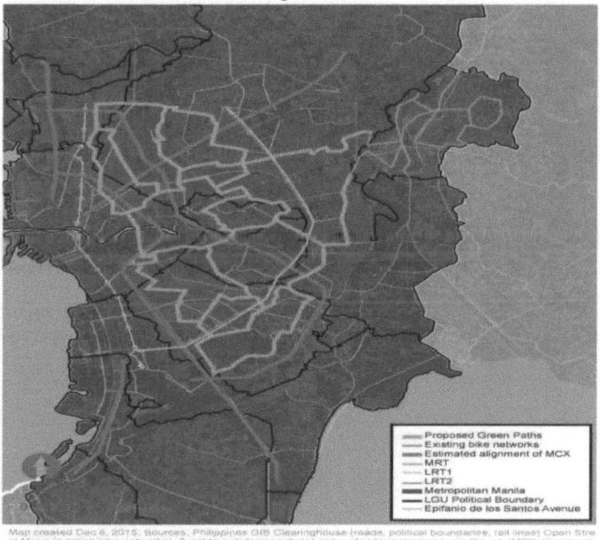

Figura 4.10: Mapa das Vias Verdes
Fonte: Autores do capítulo

4.6.2 Programas sociais

Conclui-se aqui que iniciativas adicionais teriam de complementar os investimentos físicos nestas vias verdes. Uma forte campanha educacional e social seria necessária para promover o uso dessas rotas. Prevê-se que as populações com rendimentos mais baixos adoptem as vias verdes devido à sua acessibilidade financeira. No entanto, a chave para este programa seria encorajar as populações de rendimento médio e alto a utilizar estas vias. Sendo os segmentos socioeconómicos da sociedade com maior pegada económica devido à posse de automóveis, habitações maiores e padrões de consumo elevados, a transição destas populações para opções de transporte de menor impacto resultaria em maiores reduções do impacto ambiental. Para o conseguir, seria necessário investir em programas educativos e sociais adequados dirigidos a estes grupos.

Outra realidade local que poderá desempenhar um papel no êxito das Vias Verdes propostas são as iniciativas regionais existentes no sentido da criação de redes de ciclovias, como a de Marikina. Estas vias orientadas para as bicicletas permitiriam uma maior conetividade e extensão das redes propostas.

Estima-se que as Vias Verdes propostas tenham um custo aproximado de 15 400 USD por quilómetro (tomando como referência um projeto filipino semelhante de rede pedonal e ciclista). No entanto, estas despesas devem ser complementadas por programas de apoio, escritórios, iniciativas de redes sociais e despesas de manutenção de quase 20% do custo final da construção. Isto eleva o custo total completo a 2,5 milhões de dólares para um total de 100 km de caminhos com organizações administrativas complementares.

4.6.3 Objectivos da iniciativa a longo prazo

O principal objetivo destas iniciativas a longo prazo é estabelecer Vias Verdes em áreas não servidas por grandes rotas de transportes públicos. Prevê-se que estas vias criem uma série de percursos alternativos secundários, complementares aos sistemas de transporte primários, como a rede de autocarros ou as linhas de metro ligeiro. Olhando para a rede urbana existente, podemos refletir sobre o facto de que a urbanização extensiva misturada com densidades elevadas exacerbou os problemas de qualidade do ar, poluição e congestionamento na área metropolitana de Manila. Estes percursos alternativos são concebidos como modelos para formas mais sustentáveis de mobilizar as pessoas e facilitar as ligações de curto e médio alcance.

4.7 Recomendações adicionais

A resolução dos problemas de congestionamento, poluição e fraca conetividade da região exigiria uma transformação holística mais alargada dos sistemas de transportes da área metropolitana de Manila. Embora este capítulo sobre transportes do plano ambiental da área metropolitana de Manila não possa, de forma realista, resolver todos os problemas identificados, são feitas outras recomendações e comentários com base nas observações da equipa de transportes:

- É necessário alargar o alcance e a capacidade das linhas ferroviárias do MRT e do LRT, a fim de alcançar as LGU mais afastadas que estão a crescer a um ritmo acelerado.
- É necessário dedicar mais investimentos e iniciativas educativas para ajudar a limpar os principais cursos de água, não só para facilitar a sua utilização como vias de transporte, mas também por razões biológicas e de saúde pública.
- Os subsídios governamentais aos preços da gasolina e o favorecimento desproporcionado de projectos orientados para o automóvel no investimento em infra-estruturas são apenas alguns exemplos de iniciativas governamentais nacionais que podem estar a contribuir para o agravamento do congestionamento, da poluição, da degradação dos solos e das preocupações com a saúde pública.
- O congestionamento é dispendioso para a região, uma vez que resulta em
  - A poluição atmosférica causada pelos veículos provoca doenças respiratórias;
  - Perdas económicas significativas estimadas em 4,6% do PIB (ADB, 2012);
  - Restrições ao crescimento do sector do turismo na área metropolitana de Manila devido à poluição atmosférica e sonora, e
  - Inibiu gravemente os esforços de evacuação durante as catástrofes naturais.

4.8 Custos do projeto

Como se mostra no Quadro 4.11 abaixo, os custos totais estão projectados em aproximadamente $668.436.357 USD para todo o programa de 15 anos e as suas três fases. A fase de curto prazo consiste na mobilização de 10.000 E-jeepneys e 100.000 E-Triciclos ao longo de cinco anos e custaria um total de $667.819.800 USD. A fase de médio prazo, com uma duração de cinco anos, consiste em programas educativos e culturais intensos que custariam aproximadamente $1.198.461 USD. A fase de longo prazo consiste num projeto de construção com a duração de dez anos, centrado na conversão de ruas estreitas numa rede de Vias Verdes, que custaria aproximadamente 2.667.885 USD para uma extensão total de 100 quilómetros.

Fase de curto prazo (Anos 1 - 5)	**Fase intermédia (Anos 5 - 10)**	**Fase de Longo Prazo (Anos 5 - 15)**
Jipes eléctricos	***Redes sociais***	***Vias verdes***

$132.683.750 (10.000 unidades)	$9000 por mês	1.632.266 dólares (100 km de caminhos)
$92.958.564 (500 unidades/1 estação por 20 jeepneys)	P5,093,766/$108,000 por ano	$500.000 (gabinetes administrativos)
$12.494.430 (250 unidades/1 Terminal por 40 Jeepneys)	*Custo total das redes sociais: $540.000*	$100.000 (Meios de comunicação social/alcance)
$5.095.056 (Manutenção anual)		$424,376 (Melhorias na segurança rodoviária)
E-Jeepney Custo total: $243.231.800	***Programas educativos***	
	$11.000 por mês	
Triciclos eléctricos	$132.000 por ano	
P20,000,000,000/$424,58 8.000 (10.000 unidades)	*Programas educativos Custo total: $660.000*	
Custo total do E-Triciclo: P20,000,000,000/$424,58 8,000		
Custo total da fase de curto prazo: $667,819,800	Custo total da fase intermédia: $1.198.461	Custo total da fase de longo prazo: $2.677.885
Custo total do projeto: $668.436.357		

Figura 4.11: Custos totais do projeto em USD

Fonte: Autores do projeto

4.8.1 Fontes de financiamento

O financiamento deste programa de 15 anos provirá de uma série de fontes, tanto nacionais como internacionais:

- O Departamento de Obras Públicas e Auto-estradas;
- O Departamento de Transportes e Comunicações;
- O Banco Asiático de Desenvolvimento;

- Banco Mundial;
- JG Summit Holdings, Inc., e
- Ayala Corporation.

Todas estas organizações governamentais e privadas têm um historial de distribuição de empréstimos consideráveis para projectos de transportes na área metropolitana de Manila. O Banco Mundial e o Banco Asiático de Desenvolvimento, em particular, têm estado muito activos na NCR, financiando a rede de ciclovias de Marikina e um programa de triciclos eléctricos, respetivamente. A JG Summit Holdings, Inc. e a Ayala Corporation concederam anteriormente empréstimos significativos para iniciativas centradas nos transportes em todas as Filipinas. Esta diversidade de opções de financiamento garantiria que o risco financeiro fosse igualmente distribuído por todas as partes envolvidas, especialmente tendo em conta o custo significativo do programa global.

4.9 Conclusão

Ao visar as áreas do sector dos transportes da região metropolitana de Manila mais receptivas à mudança, procurou-se introduzir melhorias significativas a longo prazo para a região. Através do programa de veículos eléctricos, a poluição atmosférica será reduzida e o congestionamento do tráfego diminuirá, proporcionando aos residentes uma rede de transportes eléctricos a preços acessíveis. Através da rede de Vias Verdes e da campanha educativa complementar, o objetivo é educar as gerações futuras sobre opções de transporte amigas do ambiente e promover uma cultura diversificada da bicicleta na região metropolitana de Manila. Além disso, a presença destas vias interligadas poderá incentivar a atividade económica, bem como as deslocações pendulares não motorizadas. Na conclusão do programa de 15 anos, espera-se que a área metropolitana de Manila se torne uma região mais agradável devido à redução da poluição atmosférica, à extensa infraestrutura para peões e ciclistas e a um sistema robusto de trânsito de veículos eléctricos.

CAPÍTULO 5

ENERGIA

Fonte: www.skyscrapercity.com

Jessica Kidder
Karyn Loughrin

5.1 Contexto e estrutura do sector

5.1.1 História do sector

O sector da energia nas Filipinas foi objeto de revisões maciças desde a década de 1980. A National Power Corporation (NCP) foi criada em 1936. O seu objetivo era gerir todos os aspectos da produção de energia e a NCP era responsável pela construção e exploração de todas as centrais eléctricas. A NCP não só produzia eletricidade como também a transmitia. No entanto, no final da década de 1980, o PCN tinha acumulado grandes quantidades de dívidas e não conseguia funcionar eficazmente sob pressão. Assim, a administração de Corazon Aquino, em 1987, aprovou a Ordem Executiva nº 215, que abriu o sector da energia aos interesses privados. Nessa altura, porém, as entidades privadas só podiam construir e explorar "centrais de produção de eletricidade, com a intenção de vender a sua produção às redes, de acordo com os planos de desenvolvimento formulados pela National Power Corporation (EO n.º 215, 1987)".

Na sequência deste PDE, foi publicada a Lei da República n.º 6957, que estabeleceu uma lei de construção, exploração e transferência. O objetivo era garantir um "retorno razoável" dos investimentos feitos por entidades privadas. Mesmo com o apoio do governo federal, a NCP não conseguiu acompanhar a procura de energia. Em 1992, só estava a operar as suas instalações com 50% a 70% da capacidade instalada. Para além da dívida, a NCP enfrentava problemas de operação e manutenção. Não podia construir mais capacidade e os privados não estavam interessados em trabalhar exclusivamente com a NCP. Estes problemas levaram a apagões maciços que duravam 12 horas por dia.

Em 1993, foi aprovada a Lei da República n.º 7468 (Lei da Crise da Energia Eléctrica de 1993). Esta lei permitiu que o NCP funcionasse até à aprovação da Lei da Reforma do Setor da Energia Eléctrica de 2001 (EPIRA). Esta lei privatizou todo o sector da energia, desde a produção até ao transporte. Todos os activos e contratos da NCP foram vendidos e o dinheiro foi utilizado para cobrir todas as dívidas. O EPIRA também criou um mercado grossista de energia para incentivar as "tarifas de produção" e aumentar a transparência dos custos da energia. Por último, o EPIRA abriu o campo para o acesso aberto e a concorrência a retalho (Antonio, 2014).

5.1.2 Caraterísticas políticas

A MERALCO, a distribuidora de energia de Manila, não tem uma boa relação com o público, no meio de várias batalhas legais, acusações de corrupção, subornos e branqueamento de capitais. Embora a MERALCO vá financiar e explorar dois novos geradores de 400 megawatts em Jurong Industrial Estate, Singapura (*The Manila Times* 2014), muitos interrogam-se por que razão não construíram estas centrais nas Filipinas. A MERALCO está a lucrar com a negação de um aumento da capacidade e da oferta, cobrando preços cada vez mais elevados pela eletricidade (e muito mais do que o que é cobrado em Singapura); "... algo deve estar terrivelmente errado aqui quando a nossa maior empresa de serviços públicos, que controla 60% do mercado da eletricidade, opta por investir milhares de milhões de pesos fora do país, que tem sido deficiente em capital

(*The Manila Times* 2014)."

A tensão entre as diferentes famílias políticas também afecta a indústria energética. Em 1986, a Presidente Corazon Aquino recusou-se a explorar uma grande central nuclear que tinha sido construída em Bataan por ter sido construída pela administração Marcos (Pascual, 2013). As autoridades afirmaram que a razão para o encerramento da central foi a sua proximidade de um vulcão inativo e de uma linha de falha próxima. No entanto, a Agência Internacional da Energia Atómica inspeccionou a central duas vezes e autorizou o seu funcionamento. Embora estas preocupações com a segurança tenham sido salientadas, "a central foi construída para resistir a um terramoto de intensidade 8 na escala de Richter, bem como a 18 metros acima do nível do mar para estar suficientemente protegida contra danos causados por tempestades como maremotos e tsunamis (National Power Corporation, 2014)." O atual presidente, Benigno Aquino III, que é filho de Corazon Aquino, tem pouco interesse em reabrir a central.

5.1.3 Caraterísticas socioculturais

As caraterísticas socioculturais podem afetar fortemente o comportamento de consumo de energia das pessoas. As estruturas de poder (relações entre as pessoas), o estatuto e a pertença social podem ajudar a explicar determinadas atitudes em relação ao consumo (Shakian, 2011). Na região metropolitana de Manila, o uso de ar condicionado e a posse de um carro particular são muito desejáveis como símbolos de status. Só os ricos podem dar-se ao luxo de ter ar condicionado ou um automóvel, ambos consumidores intensivos de energia. Cerca de 67% das pessoas nas Filipinas utilizam energia para refrigeração. No entanto, apenas 9% das pessoas possuem ar condicionado, sendo que a grande maioria utiliza ventoinhas eléctricas (Ibid.).

A globalização também afecta a perceção social do consumo de energia. Muitos emigrantes filipinos que regressam ao país vêem o ar condicionado como um símbolo de estatuto e colocam as unidades em frente às suas casas para que as pessoas as vejam. Além disso, seguir as tendências da moda ocidental é importante, mesmo quando se trata de vestuário de outono e inverno.

Também há pouca utilização de ventilação passiva ou natural nos espaços construídos porque muitas pessoas querem uma arquitetura de estilo ocidental. Não só este tipo de arquitetura não é adequado para o clima, como as estruturas tradicionais são bem ventiladas e utilizam a luz natural. Embora as Filipinas tenham sido muito influenciadas pelo movimento ambientalista americano, tem havido menos ativismo por parte dos consumidores (Ibid.).

5.1.4 Caraterísticas físicas e geográficas

As Filipinas são um arquipélago de 7.107 ilhas. São maioritariamente montanhosas com quantidades variáveis de planícies costeiras. A região metropolitana de Manila situa-se numa destas zonas baixas, entre a Baía de Manila e a Laguna de Bay. A amplitude total de elevação nas Filipinas é de 2.954 m (9.700 pés), enquanto o uso do solo é principalmente agrícola (41%) e secundariamente florestal (25,9%) (CIA, 2011).

O clima é tropical e marítimo. As temperaturas são relativamente altas durante todo o ano, a humidade é elevada e há grandes quantidades de precipitação. A temperatura média anual é de aproximadamente 26,6 °C (80 °F). A temperatura varia ligeiramente. Em janeiro, o mês mais frio, a temperatura média é de cerca de 25,5 °C (78 °F), enquanto no mês mais quente, maio, a temperatura média é de 28,3 °C (83 °F). A média mensal da humidade relativa varia entre 71% e 85%, dependendo do mês. A precipitação é o fator climático mais importante nas Filipinas. Dependendo da região, a precipitação média anual pode variar entre 38 polegadas (965 mm) e 160 polegadas (4.064 mm). As Filipinas estão sujeitas a estações monçónicas. Por conseguinte, existem duas estações: húmida e seca. A húmida

A estação seca ocorre de junho a novembro, e a estação chuvosa ocorre de dezembro a maio (PAGASA, 2015). Uma caraterística geográfica importante das Filipinas é o facto de se encontrarem no "anel de fogo". Isto causa problemas associados à atividade tectónica, incluindo terramotos, atividade vulcânica e erupções, lahars (fluxos de lama) e deslizamentos de terras. Existem atualmente 53 vulcões activos nas Filipinas (VD, 2015).

O clima e a atividade tectónica das Filipinas permitiram a construção de grandes instalações hidroeléctricas e geotérmicas. Daí a sua importância para o sector da energia.

5.1.5 Caraterísticas ambientais

O Plano de Desenvolvimento das Filipinas 2011-2016 inclui um quadro ambiental. O quadro inclui 3 objectivos: melhoria da conservação, proteção e reabilitação dos recursos naturais; melhoria da qualidade ambiental para um ambiente mais limpo e saudável, e aumento da resiliência dos sistemas naturais e melhoria das capacidades de adaptação das comunidades humanas para fazer face aos riscos ambientais, incluindo os riscos relacionados com o clima. O segundo objetivo é o que está mais ligado à utilização de energia na região metropolitana de Manila; inclui a medida para "reduzir a poluição atmosférica na região metropolitana de Manila e noutros grandes centros urbanos, incluindo a promoção e utilização de combustíveis limpos e recursos indígenas ao máximo como fontes de energia limpa (PDP, 2011)".

Outra medida para combater as questões ambientais relacionadas com a energia é "desenvolver e reproduzir tecnologias de baixo custo para otimizar a reciclagem, a reutilização e a recuperação de resíduos sólidos, incluindo a conversão de materiais orgânicos residuais em energia limpa e renovável (Ibid.)". Além disso, "o aumento contínuo da procura de alimentos, energia e outros bens, juntamente com o rápido desenvolvimento, tem colocado muita pressão sobre o ambiente natural, resultando na desestabilização dos ecossistemas, na destruição de habitats naturais e numa taxa alarmante de perda de biodiversidade (Ibid.)".

A área metropolitana de Manila alberga o principal porto das Filipinas, a Baía de Manila, que é rodeada por "indústrias pesadas, refinarias e uma central eléctrica em Bataan, enquanto a área metropolitana de Manila é altamente urbanizada, com indústrias ligeiras e pesadas e fábricas localizadas em várias partes da metrópole (Jacinto, 2006)". Devido ao rápido desenvolvimento e ao aumento da procura, a Baía de Manila e outros esteros urbanos (estuários) foram considerados eutróficos e impróprios para a atividade humana (PDP, 2011). As indústrias da região contribuem grandemente para a poluição do ar e da água, o que "contribui significativamente para condições episódicas de hipóxia nas águas da baía, proliferação de algas tóxicas e materiais em suspensão nas colunas de água (Jacinto, 2006)". A bacia hidrográfica do rio Pasig, que divide a NCR em distritos do Norte e do Sul, é muito habitada e altamente poluída. As descargas de águas residuais e de lixo das indústrias, das habitações e dos bairros de lata contribuem para esta situação.

A região metropolitana de Manila produz 8 000 toneladas de lixo por dia e apenas 70% é recolhido; o que não é recolhido vai para os cursos de água (PDP, 2011). O custo do tratamento médico e da perda de rendimentos devido a doenças transmitidas pela água ascende a cerca de 141 milhões de dólares por ano. O congestionamento do tráfego e os métodos insustentáveis de abastecimento de combustível contribuem para cerca de 80% da poluição atmosférica urbana, dos problemas de qualidade do ar e do smog. Em 2011, o total de partículas em suspensão na região metropolitana de Manila era de 166 Mg/Ncm, 84% acima da norma de 90 Mg/Ncm determinada pela Organização Mundial de Saúde (OMS) (Paje, 2011).

Devido à elevada taxa de utilização de combustíveis fósseis, a região metropolitana de Manila emite elevadas taxas de CO2. Prevê-se que, em 2020, a região emita 23,5 milhões de toneladas métricas só de eletricidade (Ajero, 2000).

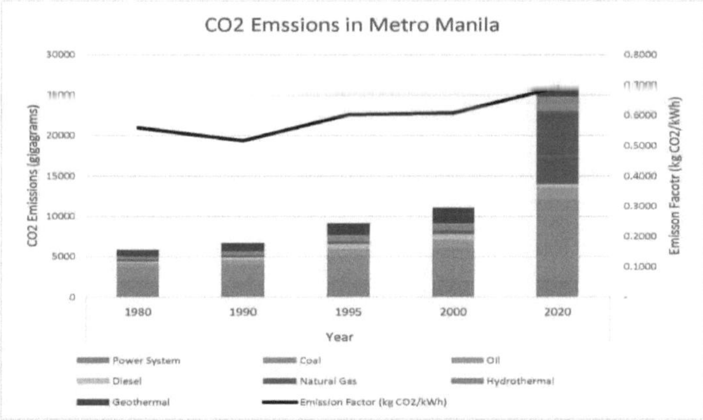

Figura 5.1: Emissões de carbono da eletricidade na área metropolitana de Manila
Fonte: Ajero, M. A., 2000

Isto sem contar com as emissões provenientes dos transportes, que constituem a maior parte das emissões de carbono. A importação de carvão e petróleo para utilização energética também contribui significativamente para as dificuldades ambientais. O transporte de carvão e petróleo tem contribuído para pequenos derrames e para a poluição da água, enquanto a conversão efectiva dos minerais em energia contribui grandemente para a poluição do ar, a degradação das paisagens e dos ecossistemas, a poluição das águas superficiais e subterrâneas devido aos resíduos da combustão, às lamas e à drenagem ácida das minas, bem como para a contribuição óbvia e bem conhecida para o aquecimento global. Como a maior parte da energia na região metropolitana de Manila é produzida a partir do carvão, há sérias implicações para a sustentabilidade ambiental da região. As áreas potenciais de investimento em energia limpa e sustentável incluem a bioenergia, a energia solar e eólica, a energia geotérmica e a energia hidroelétrica.

5.2 Questões

5.2.1 Questões relacionadas com a desconfiança do público

Os problemas de desconfiança do público em relação ao governo e ao único fornecedor de energia do país, a MERALCO, estão presentes e a aumentar. A crescente desconfiança no sector da energia surge na sequência do anúncio do envolvimento da MERALCO no desenvolvimento de dois geradores em Singapura, apesar de os funcionários da MERALCO terem sido citados como tendo afirmado que os problemas de abastecimento de energia de Manila se deviam à falta de geradores (The Manila Times, 2014). O fornecedor também foi envolvido em processos judiciais por suspeita de branqueamento de capitais e suborno. Os preços da eletricidade (por kWh) mudam frequentemente de mês para mês. Alguns cidadãos são citados como tendo dito: "Esta MERALCO Corporation é gerida por um bando de idiotas; faça com que sejam idiotas ricos" e "Estes são os assassinos do progresso filipino, sabotando a economia (*The Philippine Star*, 2015)". A MERALCO tem sido acusada de servir pessoas específicas (as que têm uma posição económica e/ou política elevada). Isto é um problema para os cidadãos de rendimentos baixos e médios, sem dinheiro ou influência política. As suas necessidades são muitas vezes ignoradas, aumentando os seus problemas e disparidades e confirmando a corrupção que se verifica neste sector.

"A história recente do país tem sido atormentada por questões de legitimidade, responsabilidade e alegações de grande corrupção (PDP, 2011)." A desconfiança em relação ao governo resulta do grande poder da família Aquino e da anterior ditadura de Marcos. Desde negócios obscuros de desenvolvimento até à incapacidade ou falta de vontade de processar criminosos, entidades/autoridades governamentais não transparentes e muito mais, estas duas famílias contribuíram com a sua quota-parte para a corrupção no governo. Os desafios para ultrapassar esta desconfiança pública resultam das "profundas divisões sociais e políticas que persistiram a par dos problemas de ineficiência e corrupção no governo. A incapacidade de resolver os problemas de governação deu origem, nos últimos anos, a uma instabilidade política acentuada, que se aproxima de ameaças ao governo constitucional, e a um cinismo e desconfiança cada vez maiores em relação às instituições políticas formais (PDP, 2011)." [th]As Filipinas classificaram-se em 85º lugar entre 175 países no Índice de Perceção da Corrupção em 2014, com uma pontuação de 38 em 100 (sendo 0 altamente corrupto e 100 muito limpo) (*Transparency International*, 2014). No entanto, o país está a melhorar; classificou-se em 94th em 2013.

5.2.2 Problemas com a educação

A colonização das Filipinas pelos Estados Unidos promoveu um elevado nível de educação. Os filipinos vêem a educação como uma necessidade e uma via para a mobilidade social e económica, e esgotam todos os recursos para tentar proporcionar uma educação adequada e de qualidade aos seus filhos.

O acesso à educação na região metropolitana de Manila depende em grande medida do estatuto económico. O país como um todo está atrasado no ensino primário e, conforme determinado em 2011, precisava de aumentar o orçamento para a educação em mais de 7,3 milhões de dólares para atingir a meta estabelecida pelos Objectivos de Desenvolvimento do Milénio no final de 2015 (PDP, 2011). 86,4% dos filipinos são funcionalmente alfabetizados, mas a literacia é "muito mais elevada entre aqueles que se encontram no estrato de rendimento mais elevado e que concluíram o ensino secundário ou superior (Ibid.)." Em 2009, o número de matriculados no ensino superior subiu para 2,62 milhões e o acesso ao ensino superior foi aumentado através de bolsas de estudo e programas de ajuda financeira (Programa de Assistência Financeira a Estudantes do Ensino Privado e a Bolsa de Estudo Presidente Gloria, por exemplo) (Ibid.). O acesso a instituições de ensino e a ajuda financeira é muito maior em centros urbanos como a região metropolitana de Manila. No entanto, os sectores da educação, mesmo na NCR, enfrentam desafios com "a participação limitada do sector industrial no desenvolvimento de padrões de competência e currículos, a necessidade de atualizar os cursos e de os tornar internacionalmente comparáveis, e a necessidade de aumentar a qualidade e a relevância dos programas de educação e formação (Ibid.)". Assim, a educação para fornecer trabalhadores com formação técnica a níveis de técnico a engenheiro para emprego no sector da energia é atualmente insuficiente na região metropolitana de Manila e nas Filipinas.

5.2.3 Problemas de capacidade

No passado, a região metropolitana de Manila teve problemas com a capacidade de abastecimento, o que levou a cortes de energia e apagões. Em 1992, as falhas de corrente podiam durar 10 horas ou mais. A procura excedeu a capacidade do sistema em quase 50%. Este facto teve um enorme impacto nas empresas industriais e comerciais da região metropolitana de Manila. O prejuízo foi calculado em cerca de 1,6 mil milhões de dólares em 1992 (Mouton, 2015). Embora o número e a frequência dos cortes de energia tenham diminuído desde a privatização do sector, a capacidade continua a ser uma grande preocupação. A procura de eletricidade aumenta à medida que a população da região cresce, tanto devido ao crescimento natural como à imigração. Há também esforços para proporcionar acesso à eletricidade a todos. De acordo com o Observatório de Manila, o consumo de energia da região metropolitana de Manila foi de 14 924 617 MWh em 2000 (Ajero, 2000). Utilizando um modelo geométrico, prevê-se que o consumo de energia seja de cerca de 21 500 000 MWh em 2020. Isto representa um aumento de 44% no consumo (Ibid.).

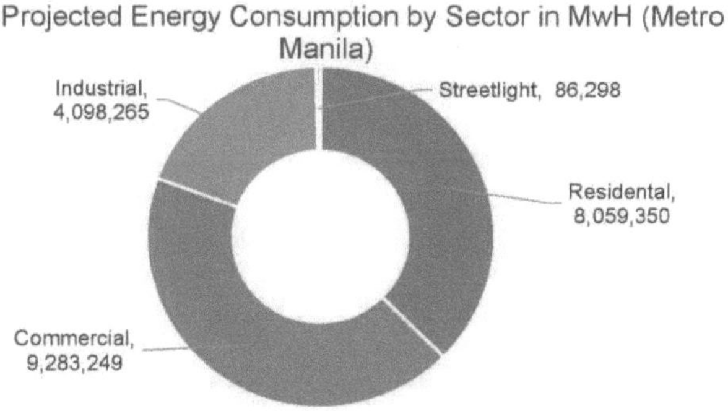

Figura 5.2: Consumo de eletricidade projetado por sector na área metropolitana de Manila em 2020 (MWh)

Fonte: Ajero, M.A., 2000

Em 2012, a capacidade instalada na ilha de Luzon era de 11 739 MW e a capacidade fiável era de 10 824 MW. Para satisfazer a procura atual e futura de energia, está prevista a instalação de 6 819 MW entre 2013 e 2020 (Petilla, 2013).

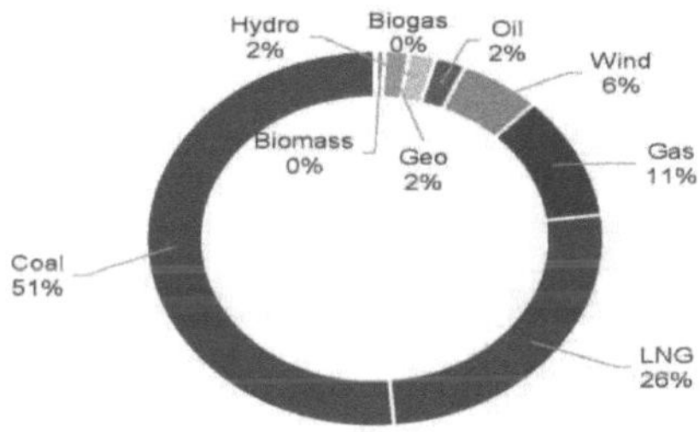

Figura 5.3: Fontes de combustível das centrais eléctricas planeadas para 2013-2020. Percentagem baseada na capacidade construída planeada (MW).

Fonte: Petilla, C.J.L., 2013

Infelizmente, pouco mais de 50% destes projectos dependem do carvão e outros 37% dependem do gás natural. Prevê-se que a dependência da região metropolitana de Manila em relação ao carvão aumente significativamente.

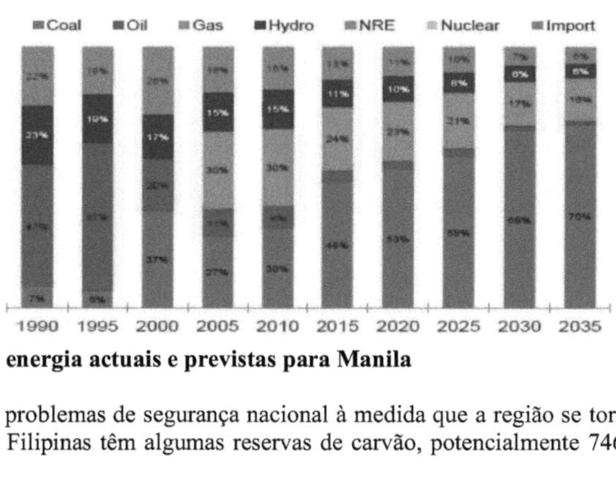

Quadro 5.4 Fontes de energia actuais e previstas para Manila

Fonte: APEC, 2010

Este facto pode causar problemas de segurança nacional à medida que a região se torna mais dependente do carvão estrangeiro. As Filipinas têm algumas reservas de carvão, potencialmente 746 milhões de toneladas métricas; no entanto, uma grande parte está sob o Mar das Filipinas e a extração em geral pode ser difícil e dispendiosa (DOE, 2008). Em 2007, o carvão importado representava 10% do cabaz energético e o carvão local menos de 5%.

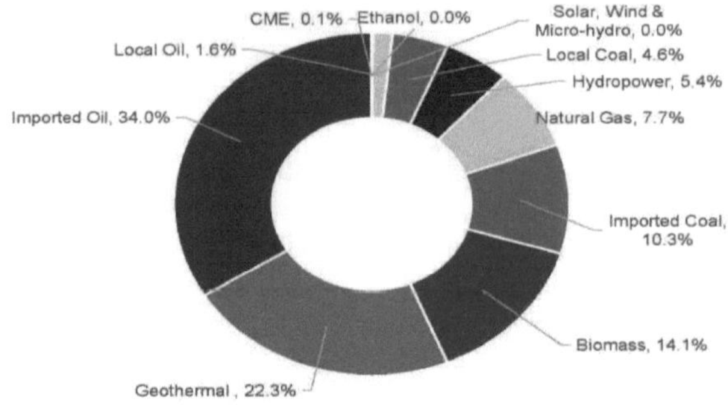

Figura 5.5: Mix energético atual, 2007

Fonte: DOE, 2008

Não é seguro presumir que a maior parte do carvão utilizado nestas novas centrais eléctricas seja de origem local. Este facto pode levar a problemas de segurança nacional, especialmente com a escalada das disputas em torno do Mar do Sul da China.

A região metropolitana de Manila enfrenta os problemas comuns de tentar fornecer energia acessível e consistente que seja também sustentável. Terá de haver uma mistura de fontes de energia fósseis e não fósseis, mas é fundamental encontrar o equilíbrio correto.

Uma questão distinta, mas importante, é o combustível utilizado nos agregados familiares com baixos rendimentos. Em 2004, 36% dos pobres urbanos utilizavam o querosene como combustível principal (Lumampao, 2004). Eles compram querosene porque podem comprá-lo em pequenas quantidades; no entanto, é caro quando comprado desta forma, o que significa que estão a pagar um prémio pela sua energia.

5.2.4 Problemas de acesso

O custo da eletricidade nas Filipinas é muito elevado. Atualmente, a taxa é de cerca de P10,52 ou $0,22 USD por kWh, o que é duas vezes mais elevado do que em alguns estados dos EUA. As tarifas são tão elevadas que algumas pessoas não podem pagar a eletricidade ou gastam a maior parte do seu rendimento com ela. De acordo com a MERALCO, as tarifas elevadas são causadas por três factores: falta de subsídios governamentais, o elevado custo do abastecimento (combustíveis fósseis) e desafios geográficos (MERALCO, 2015). No passado, a MERALCO enfrentou problemas para fornecer acesso à eletricidade a todas as pessoas. Dispunha de um sistema de subsídio vitalício, que utilizava o dinheiro de outros clientes para conceder descontos em função da utilização (Mouton, 2015). Esta linha de vida também cobria os prejuízos causados por pessoas que furtavam eletricidade, adulteravam os contadores e não pagavam as suas contas (Ibid.). A MERALCO utilizou vários métodos adicionais, incluindo a colocação de contadores em postes telefónicos e o pedido às pessoas para denunciarem os ladrões, que reduziram as suas perdas não técnicas (Ibid.). Embora se tenha verificado uma diminuição das perdas não técnicas, a taxa de perdas de eletricidade continua a ser extremamente elevada. Isto leva a que muitas pessoas não tenham acesso à eletricidade.

5.3 Objectivos

As questões e os problemas enfrentados pelo sector da energia na região metropolitana de Manila são extremamente diversos. Numa tentativa de abordar o maior número possível de tipos diferentes de questões, foram desenvolvidos quatro objectivos:

1. Incentivar *a educação* sobre a energia e o consumo;
2. Apoiar *a investigação no* domínio da energia;
3. Ajudar a aumentar a atual *capacidade* energética através de fontes renováveis, e
4. Resolver os problemas de *acesso* à eletricidade.

5.4 Conjunto de soluções

Foram criadas soluções para questões relacionadas com a energia em relação aos quatro objectivos. As soluções centram-se na promoção da educação e do crescimento do emprego no domínio da energia, na identificação de fontes de energia nas Filipinas, incluindo as energias renováveis, na redução da procura e do consumo de energia e na ajuda aos grupos desfavorecidos no acesso à eletricidade. Nesta secção, é explorada toda a gama de projectos, com a intenção de selecionar alguns para desenvolver mais.

5.4.1 Investigação

Muitas oportunidades surgiram e foram consideradas como estratégias para atingir o primeiro e o segundo objectivos. Essas oportunidades de investigação incluíam o financiamento de investigação sobre energias renováveis que pudessem ser aproveitadas, a investigação e o desenvolvimento de um sistema baseado no Sistema de Gestão Ambiental (SGA) da Agência de Proteção Ambiental (EPA), a decisão de implementar ou não regulamentos ou apenas deixar que as empresas estabelecessem os seus próprios objectivos caso fosse criado um SGA, a criação de um programa de auditoria energética doméstica e de uma equipa de investigação e informação sobre eficiência energética doméstica, e a investigação de uma forma de implementar uma parceria público-privada que consultasse e recomendasse soluções a empresas privadas de energias renováveis. Foram também considerados planos para resolver e diminuir os cortes de energia e os apagões devidos à falta de manutenção, ao fornecimento insuficiente e aos danos causados pelas condições climatéricas. Relacionado com o fornecimento insuficiente, há um projeto de investigação mais vasto que aborda e avalia a Central Nuclear de Bataan, que está em pleno funcionamento. Atualmente, a central não está a ser explorada, mas está aberta ao público "como parte do programa governamental de informação, educação e comunicação sobre energia nuclear" (o que é peculiar, porque o governo tem sido o principal crítico e eleitor negativo da reabertura da central). Desde 1986, a central tem sido mantida e o reator tem estado em modo de preservação, custando cerca de $850.000 - $1,1 milhões de dólares por ano (NPC, 2014). A central poderia potencialmente funcionar num futuro próximo se as inspecções corressem bem e a central fosse autorizada a receber combustível.

O governo filipino aprovou vários projectos de lei e emitiu uma série de ordens executivas para apoiar a investigação no domínio da eficiência energética e das energias alternativas. O Projeto de Lei do Senado n.º 1602 é "uma lei para apoiar a investigação e o desenvolvimento de novos processos e tecnologias industriais que optimizem a eficiência energética e o desempenho ambiental, utilizem diversas fontes de energia... (Reyes, 2013)." Uma solução seria a utilização de fundos para apoiar a investigação em energias renováveis. Além disso, a disponibilização de fundos para este tipo de investigação envia uma mensagem forte de que as energias renováveis são uma questão importante.

5.4.2 Educação

"Os trabalhadores qualificados e as empresas afluirão e concentrar-se-ão em cidades com elevada qualidade de vida, aumentando a produtividade e contribuindo para o financiamento de mais equipamentos sociais e bens públicos (UN-Habitat, 2015)." Muitos dos trabalhadores mais talentosos e instruídos da região metropolitana de Manila deixam as Filipinas para estudar e trabalhar no estrangeiro. O salário é mais elevado, as condições são melhores e há mais oportunidades disponíveis no estrangeiro. Proporcionar uma forma de obter estas competências avançadas e de os trabalhadores permanecerem na NCR não só beneficiaria o sector da energia, mas também a região no seu conjunto. Por conseguinte, a educação é um dos objectivos mais importantes que foi selecionado. Devido à necessidade sem precedentes de trabalhadores com formação e de indivíduos que compreendam o consumo e a utilização de energia, os programas educativos considerados incluíram o investimento na formação e educação de profissionais técnicos, a criação de uma forma de os estudantes estagiarem ou participarem num estudo de trabalho/cooperação e a atribuição de bolsas de estudo, sobretudo para promover a equidade e proporcionar a oportunidade de formação superior em engenharia ou noutros domínios adequados. O objetivo é selecionar candidatos de diferentes origens socioeconómicas e dar-lhes a oportunidade de entrar no sector da energia. Há também necessidade de educar os consumidores sobre os seus hábitos energéticos e sobre a forma de reduzir o consumo de energia em casa. Há muitos factores diferentes que influenciam os padrões de consumo das pessoas e é difícil abordá-los a todos. No entanto, se as pessoas pudessem ser abordadas diretamente e educadas sobre a eficiência energética, não só poderiam ter facturas de energia mais baixas, como também a utilização de energia durante as horas de ponta poderia ser reduzida.

5.4.3 Aumentar a capacidade

Um dos objectivos do Departamento de Energia (DOE) é "mudar de tecnologias baseadas em combustíveis fósseis para tecnologias de energias renováveis na produção de energia... (DOE, 2008)." O DOE quer aumentar a quantidade de energia renovável no mix para 50% até 2030 (Dancel, 2015). Os diferentes projectos de energias renováveis e alternativas considerados incluem: painéis solares e aquecedores solares de água, turbinas eólicas, geotérmica para produção de eletricidade, hidroelétrica, automóveis e transportes públicos movidos a hidrogénio, biodigestores, recolha de gás de aterro, nuclear, gás natural, iluminação alimentada por gravidade e geradores de micromovimentos. Foi considerada uma série de projectos - desde a pequena escala humana até à grande escala do cabaz energético. O objetivo é identificar projectos que possam ser implementados a diferentes escalas e com diferentes utilizadores finais em mente.

5.4.4 Envolvimento da comunidade e acesso à eletricidade

Como já foi referido, a MERALCO já tem uma tarifa de linha de vida incorporada para pagar às pessoas que consomem menos de 100 kWh e para cobrir quaisquer perdas técnicas e não técnicas, incluindo o pré-enchimento de energia (MERALCO, 2015). Atualmente, com a privatização do sector da energia, as pessoas podem negociar e escolher a quem compram a sua eletricidade (produção). A desvantagem da atual organização deste programa é, no entanto, a quantidade exorbitante de eletricidade que tem de ser consumida para se poder qualificar como aquilo a que o EPIRA chama um cliente contestável. Um utilizador deve ter "um pico de procura médio mensal igual ou superior a 1 MW, ou após 2014, 750 kW (KPMG, 2013)." Após 2016, o desempenho do mercado será avaliado e o limiar será gradualmente reduzido para satisfazer a procura dos agregados familiares. Uma casa filipina média consome 211 kWh (Wootton, 2013), o que, se o limiar se mantivesse em 1 MW, alimentaria mais de 3.000 casas. Em comparação, 1 MW nos Estados Unidos alimentaria entre 750 e 1.000 casas, que consomem uma média de 911 kWh por mês (USEIA, 2015). Na região metropolitana de Manila, seriam necessários muitos anos para atingir o objetivo final de proporcionar concorrência ao nível da procura residencial. No entanto, para acelerar este processo, se as pessoas se pudessem juntar como um grupo, teriam mais influência. Isto poderia ser feito ao nível do barangay.

Outro projeto seria a construção de banheiros/chuveiros públicos, cuja utilização seria paga pelos usuários. No centro da estrutura estaria um biodigestor a partir do qual o gás metano produzido poderia ser canalizado para as residências para cozinhar, iluminar, acender o fogo e aquecer a água para o banho. Uma vez que os biodigestores produzem gás metano, seria necessário adaptar as lâmpadas e os fornos actuais.

5.5 Seleção de projectos e definição de prioridades

5.5.1 Investigação

Tendo em conta as várias reportagens, entrevistas e artigos de jornais que indicam a desconfiança em relação à MERALCO, e devido às reportagens, estudos e imagens de uma utilização excessiva da eletricidade por parte das empresas, decidiu-se que seria sensato investir na investigação. Para fazer face aos problemas de utilização de energia e de gestão das empresas, foi criado um programa de auditorias com duas vertentes. As auditorias têm por objetivo abordar e educar o público sobre as práticas de consumo de energia, a gestão das empresas e as relações públicas. O primeiro programa de auditoria envolveria a MERALCO e dividir-se-ia ao longo dos cinco anos em três capacidades diferentes. Na primeira capacidade, seria realizada uma auditoria de desempenho da MERALCO para garantir que a empresa está a desenvolver a sua atividade de forma ética, legal, oportuna, produtiva e economicamente sustentável. Espera-se assim melhorar as relações públicas, encontrar e corrigir eventuais práticas comerciais pouco éticas e garantir uma produtividade elevada dos trabalhadores. Na segunda capacidade, a informação encontrada na auditoria de desempenho seria analisada e seria prestada consultoria de gestão para resolver quaisquer problemas, formar o pessoal de gestão e desenvolver um plano de ação. Para ajudar na consultoria e abordar mais as preocupações diretas dos consumidores, seria distribuído um boletim informativo aos cidadãos. Esta estratégia é uma ferramenta eficaz que foi emprestada de Bangalore, na Índia, onde os habitantes da cidade preencheram boletins de cidadão para saberem como os cidadãos viam os serviços que estavam a receber. O resultado foi uma melhoria dos serviços prestados pelo governo e pelas agências (UN-Habitat, 2009). Na terceira capacidade, seria efectuada uma revisão da auditoria, da consulta e da avaliação da eficácia do plano implementado. Com base no feedback do primeiro ano do plano, as melhores práticas seriam revistas para que as novas práticas mais bem sucedidas pudessem continuar a ser aplicadas.

O segundo programa de auditoria consistiria em criar um programa-piloto de 100 empresas de diferentes tipos, estatutos e dimensões, a selecionar através de um processo de candidatura. As empresas concordariam em fazer uma auditoria energética, ouvir as sugestões que surgissem da auditoria e criar um plano de ação que abordasse essas sugestões e melhorasse o consumo de energia das empresas. Será prestada ajuda na criação e aplicação do plano de ação.

O principal objetivo da auditoria da MERALCO é melhorar as práticas empresariais e começar a construir uma melhor relação com a comunidade que serve. O melhor cenário seria que não fossem necessárias mais auditorias após o período inicial de 5 anos. No entanto, a secção de operação e manutenção abaixo entra em mais detalhes sobre outras auditorias de desempenho, caso a comunidade considere necessário. O principal objetivo do programa-piloto de auditorias energéticas é proporcionar formação e começar a criar uma nova norma e padrão, dando às empresas participantes as ferramentas de que necessitam.

Para além das auditorias energéticas, o financiamento seria utilizado para vários projectos de investigação sobre energias renováveis. No primeiro ano, seria lançado um convite à apresentação de propostas, do qual seriam selecionados dois projectos. Em função do número de projectos e das necessidades de financiamento, este número poderia ser aumentado para três ou quatro projectos. Estes projectos teriam de ser concluídos no período de 5 anos, sendo o último ano dedicado à revisão e apresentação de resultados. Espera-se que estes projectos de investigação possam ser publicados em revistas especializadas ou publicações profissionais.

5.5.2 Educação

Depois de analisar as tendências actuais do emprego e da educação, bem como de ler relatórios que referem a falta de trabalhadores qualificados, foram selecionados quatro projectos para se tornarem num programa educativo abrangente. O programa concentra-se em trazer diplomas, professores, aulas, programas e bolsas de estudo relevantes para universidades, escolas e centros comunitários locais. Para abordar esta questão de forma eficaz e executá-la corretamente, a opção mais razoável, viável e economicamente sustentável seria expandir o atual Projeto STRIDE da USAID, integrando nele três dos quatro programas educativos. O projeto atual (Projeto de Ciência, Tecnologia, Investigação e Inovação para o Desenvolvimento) visa "reforçar a capacidade de ciência, tecnologia, investigação e inovação no ensino superior das Filipinas, com enfoque em disciplinas que contribuam para sectores económicos de elevado crescimento, melhorando a investigação, as qualificações do corpo docente e do pessoal de investigação, reforçando as parcerias entre a indústria e a academia e reforçando a capacidade política e de gestão das instituições de ensino superior (USAID, 2013)". O programa atual é um projeto de 5 anos, no valor de 32 milhões de USD, que deverá terminar em julho de 2018. Sugere-se aqui a expansão do programa STRIDE por mais dois anos para abranger as necessidades da região metropolitana de Manila em termos de bolsas de estudo, formação e oportunidades de estágio. As bolsas de estudo seriam atribuídas a uma variedade de candidatos, que receberiam pagamentos para cobrir os custos educativos de um programa em tecnologia energética, engenharia e outros domínios científicos relacionados durante quatro anos. O programa de formação passaria o primeiro ano a reforçar os conhecimentos, a formação e as qualificações dos membros do corpo docente das instituições de ensino que os bolseiros frequentam. O segundo ano do programa criaria programas de formação de estudantes para permitir que os estudantes que não receberam uma bolsa de estudo, ou quaisquer outras partes interessadas que gostariam de entrar no sector da energia, recebessem formação técnica que lhes permitisse assegurar empregos no sector com os conhecimentos adquiridos. Estes estudantes não teriam tido uma formação tão avançada como os que vão para uma licenciatura, mas teriam outras opções para continuar e progredir quando estiverem a trabalhar no sector.
O programa de cooperação ligaria estudantes e futuros estudantes a empresas do sector da energia. Isto permitiria aos estudantes adquirir experiência no mundo real neste domínio e ter um potencial empregador a longo prazo quando se formarem. O primeiro ano deste programa determinaria as empresas do sector que são capazes e estão dispostas a acolher os estudantes sob as suas asas e a ajudar a supervisionar a sua formação e a desenvolver os seus conhecimentos. Isto contribuiria simultaneamente para o crescimento das empresas participantes. Os quatro anos seguintes seriam dedicados à colocação dos estudantes nos vários postos de trabalho em aberto e o quinto ano seria um período de revisão para os empregadores participantes e os diretores do programa determinarem o êxito e o futuro do programa enquanto os estudantes terminam os seus cursos e estágios/cooperações.
O quarto projeto é um programa autónomo de eficiência energética. Os seminários sobre eficiência energética serão utilizados para educar o público em geral. O objetivo é realizar um total de 55 workshops durante o período de 5 anos. O primeiro ano seria dedicado à criação do programa de workshops e à seleção dos locais para o primeiro grupo. Nesse ano, apenas 10 seminários seriam concluídos. Nos últimos 3 anos, seriam realizados 15 seminários por ano. Estes seminários durariam apenas algumas horas num dia e seriam modelados segundo o programa Save Energy-Save Dollars de Cornell.

5.5.3 Aumentar a capacidade

Após a análise de vários relatórios e artigos, foram selecionados três projectos, incluindo dois projectos de energias renováveis para ajudar a aumentar a capacidade global da região metropolitana de Manila sem aumentar a necessidade de importação de combustíveis fósseis. A estes projectos foi dada prioridade máxima. Durante o período de 5 anos, serão instalados 450 MW de turbinas eólicas. De acordo com um relatório do Laboratório Nacional de Energias Renováveis, há áreas favoráveis em que as turbinas eólicas foram selecionadas em detrimento da energia solar fotovoltaica, por serem menos intensivas em carbono (Hondo, 2005). Duas centrais geotérmicas já em fase de pré-desenvolvimento foram também selecionadas para serem construídas: uma central de 40 MW em Bataan e uma central de 20 MW em Batangas. Estes dois projectos aumentariam a capacidade geotérmica instalada para 510 MW (Penarroyo, 2014).
O outro projeto consiste na instalação de 1 500 biodigestores em edifícios individuais/domésticos. Estes utilizariam os resíduos domésticos para produzir gás para cozinhar e iluminar. O objetivo seria substituir o querosene por razões económicas e de saúde. O preço de um novo fogão está incluído no custo de cada biodigestor. Este projeto baseia-se num projeto semelhante realizado em Pune, na Índia (Hojnacki, 2011).

5.5.4 Envolvimento da comunidade e acesso à eletricidade

O projeto selecionado para o acesso da comunidade à eletricidade destina-se a ajudar os barangays a negociar as tarifas. O projeto apoiará um programa-piloto gerido por outra organização. No primeiro ano, seriam selecionadas três barangays. O segundo e o terceiro anos seriam dedicados à organização das pessoas, à criação de consensos e à negociação de uma tarifa colectiva com a MERALCO. O quarto ano seria utilizado para uma revisão do programa. O objetivo é decidir se este projeto pode ou não ser implementado e se reduz efetivamente as tarifas de eletricidade. O último ano seria reservado à continuação do programa. O parceiro proposto para este projeto seria a Fundação Caritas Filipinas (Secretariado Nacional para a Ação Social), que é um grupo criado pela Conferência dos Bispos Católicos das Filipinas para promover a justiça social e ajudar os pobres e marginalizados. Outro potencial parceiro comunitário é a Community Organizers Multiversity (COM), que trabalha frequentemente com organizadores comunitários em projectos de capacitação.

5.6 Fontes de capital

Os custos estimados para os projectos são indicados a seguir. Todos os custos são expressos em dólares americanos ($):

5.6.1 Investigação

Projeto 1: Auditorias energéticas

> Criação/seleção de empresas: 150.000 dólares

> Auditorias a empresas selecionadas (4 anos): $1,200,000

Custo total do projeto: $1,350,000

Projeto 2: Auditoria de desempenho da MERALCO

> Auditoria de desempenho (2 anos): $100.000

> Consultoria de gestão (2 anos): $50.000

> Revisão/Implementação das melhores práticas: $15,000

Custo total do projeto: $165.000

Custo total do programa de auditoria: 1.515.000 dólares

Agente de financiamento proposto: JG Summit Holdings, Inc.

Projeto 3: Investigação sobre energias alternativas

> Convite à apresentação de propostas/Seleção (Renováveis, Nucleares): $20,000

> Investigação (3 anos): $250.000

> Entregas/Revisão: $30,000

Custo total do projeto: $300.000

Agente de financiamento proposto: Departamento de Energia

5.6.2 Educação

Projeto 1: Bolsas de estudo > Preparação e seleção dos candidatos: $10.000

> 4 Desembolsos: $1,000,000

Custo total do projeto: $1.010.000

Projeto 2: Formação

> Melhoria da formação do corpo docente: 25 000 dólares

> 4 anos de programas de formação para estudantes: $1.000.000

Custo total do projeto: $1.025.000

Projeto 3: Cooperativas

> Esforços de instalação e colaboração : $5.000

> 4 anos de colocações de estudantes : $20.000

> Revisão dos esforços: $5.000

Custo total do projeto: $30.000

Custo total da expansão do programa: $2.365.000

Agentes de financiamento propostos: USAID e Departamento de Educação de Manila

Projeto 4: Workshops >Desenvolvimento : $30,000

> Implementação (4 anos): $260.000

> Revisão dos seminários: $10.000

Custo total do projeto: $300.000

Agentes de financiamento propostos: Departamentos da Energia e da Educação

5.6.3 Aumento da capacidade

Projeto 1: Turbinas eólicas (450 MW) > Turbina: $3.500.000

> Instalação: $300.000

> Ligação à rede eléctrica: $200.000

Custo total do projeto: $4.000.000

Agente de financiamento proposto: Aboitiz Power

Projeto 2: Centrais Geotérmicas

> Central de 20 MW: $75,000,000

> Central de 40 MW: $145,000,000

> Instalação: $19.800.000

> Ligação à rede eléctrica: $200.000

Custo total do projeto:
$240,200,000

Agentes de financiamento propostos: O Departamento de Energia e a Cosco Capital

Projeto 3: Pequenos biodigestores

> 1.500 Bio-digestores de fabrico local: @$200 cada

> Instalação: 1 dia

> Custo de instalação: $100.000

Custo total do projeto: $400.000

Agente de financiamento proposto: Departamento de Assistência e Desenvolvimento Social

5.6.4 Envolvimento da comunidade e acesso à eletricidade

Projeto: Iniciativa de Negociação Barangay

> Seleção de Barangay: $25.000

> Prestar apoio (4 anos):

- Ou 1 pessoa/ano: @ $25,000
- ou 2 pessoas/ano: @ $12,500
- Flexibilidade de financiamento
- pessoal de apoio, se necessário

> Avaliação do projeto: 25 000 dólares

Custo total do projeto: 150 000 dólares

Agente de financiamento proposto: Departamento de Assistência e Desenvolvimento Social

5.7 Plano de exploração e manutenção

5.7.1 Investigação

Projeto 1: Após a auditoria inicial a 100 empresas, o Departamento de Energia assumiria a operação e a manutenção de todas as auditorias energéticas futuras. Deveria ser criada uma nova política para exigir que todos os novos empreendimentos industriais, comerciais, académicos ou residenciais multifamiliares na área metropolitana de Manila participem na educação sobre eficiência energética, para a qual o Departamento de Energia já dispõe dos recursos através do Programa de Patrulha de Energia, bem como participem no Acordo Voluntário do Programa Nacional de Eficiência e Conservação de Energia para monitorizar o seu consumo de energia e implementar programas de EE&C, que, ao abrigo da nova política, deixariam de ser voluntários para os novos empreendimentos. Assim, para os novos empreendimentos, o Departamento de Energia deverá realizar auditorias energéticas após o primeiro ano e, posteriormente, a cada cinco ou dez anos, dependendo do cumprimento das práticas de eficiência energética. Outros empreendimentos industriais, comerciais, académicos e multifamiliares já estabelecidos devem ser incentivados a participar no acordo voluntário e, à medida que começarem a ser rodeados por normas mais elevadas, espera-se que esses estabelecimentos elevem as suas próprias normas.

Projeto 2: Após o período inicial de 5 anos, a auditoria da MERALCO terminaria efetivamente, embora se aconselhe que após dez anos a questão seja revisitada e que a MERALCO pague uma revisão do seu desempenho e das suas práticas para se certificar de que estão a ser seguidas e para fazer quaisquer ajustes ao plano que possam ser necessários. Uma ferramenta útil para determinar (1) o sucesso da empresa nas melhorias das relações públicas; (2) avaliar até que ponto as melhores práticas foram implementadas e (3) avaliar o desempenho global do sector, seria enviar periodicamente boletins adicionais aos cidadãos no final de períodos de revisão específicos. Os boletins iniciais recebidos durante o programa de 5 anos teriam sido analisados pela empresa de auditoria e consultoria de gestão, juntamente com o agente financiador, a JG Summit Holdings, Inc. Os novos boletins devem ser revistos por outra entidade terceira, juntamente com um representante da direção da MERALCO e representantes das comunidades, especialmente dos barangays. O terceiro proposto para participar nestas revisões dos boletins é a Caritas Filipinas

Fundação Caritas Internationalis, cujos membros trabalham para promover "a justiça económica e social, monitorizando tanto os governos como as empresas (Caritas Internationalis, 2015)". Embora ligeiramente fora do âmbito normal do seu trabalho, a seleção desta organização como terceira parte a analisar complementaria a parceria que tem com os barangays na negociação de melhores preços. A MERALCO seria responsável pela entrega dos boletins com as facturas mensais, e os barangays seriam responsáveis por cobrar as taxas adequadas para tornar possível o envio de um representante do barangay para a revisão dos boletins.

Projeto 3: Não há planos actuais para prolongar este financiamento após cinco anos.

5.7.2 Educação

Projectos 1 e 3: No quinto ano, seriam disponibilizadas verbas para rever os esforços do projeto cooperativo (projeto 3). Se a revisão produzir resultados positivos, o projeto 3 será prosseguido. O pagamento de bolsas de estudo (projeto 1) continuará se os pedidos de bolsas para o período experimental forem elevados e se a participação dos estudantes tiver resultados positivos a nível académico e profissional. Após o período inicial de 5 anos, o custo de operação e manutenção dos projectos seria transferido para os distribuidores de energia, geradores ou empresas relacionadas participantes. Haveria uma base de clientes estabelecida que seria capaz de financiar a continuação através de encargos regulares de energia, e os estudantes que participassem no programa concordariam em trabalhar para a empresa assistente durante pelo menos cinco anos depois de concluírem a sua formação. Haveria também a opção de corporações e indústrias doarem grandes somas de dinheiro para o programa em troca de uma tarifa com desconto para os três meses seguintes, uma vez por ano.

Projeto 2: As universidades que oferecessem programas de formação durante o período de 5 anos poderiam cobrir os custos de continuação, funcionamento e manutenção através de uma base de estudantes estável e estabelecida. As propinas dos estudantes e as taxas dos programas, bem como os subsídios do Ministério da Educação, poderiam cobrir estes custos.

Projeto 4: As universidades e os centros comunitários que oferecem programas de workshops após o período de 5 anos poderiam continuar a oferecer os workshops, após uma avaliação positiva, financiando-os através de uma colaboração entre o Programa Nacional de Eficiência e Conservação Energética do Departamento de Energia e o Departamento de Educação. Se não for possível encontrar financiamento, os criadores do workshop podem cobrar uma taxa por cada workshop.

5.7.3 Aumentar a capacidade

Projectos 1 e 2: Após a conclusão de todas as turbinas eólicas e centrais geotérmicas, todos os custos de exploração e manutenção seriam suportados pelos proprietários. A Aboitiz Power poderá cobrir todos os custos de operação e manutenção pós-construção através da cobrança de taxas a uma base de clientes estabelecida.

Projeto 3: Uma vez instalado o biodigestor, todos os custos de operação e manutenção devem ser suportados pelo(s) proprietário(s). Estes biodigestores não têm partes mecânicas e têm poucos requisitos de manutenção. O seu combustível é fornecido pelos resíduos alimentares das famílias que os utilizam.

5.7.4 Envolvimento da comunidade e acesso à eletricidade

No quarto ano, existem fundos para realizar uma revisão do projeto. Dependendo dos resultados, ou o ano seguinte será o último ano, ou os residentes poderão pagar uma pequena taxa para manter esta iniciativa em curso. O barangay médio tem cerca de 3 400 pessoas (Autoridade, 2014). Se um barangay quisesse pagar a iniciativa durante um ano, isso custaria a cada residente 7 USD por ano. Este valor cobriria o custo de uma pessoa a tempo inteiro ou de várias pessoas a tempo parcial. Se o barangay só pudesse apoiar uma pessoa a tempo parcial, o custo seria de 3,40 USD por ano ou cerca de 0,28 USD por mês. No entanto, a ideia seria distribuir o custo por vários barangays.

5. 8Calendário

Um calendário completo dos projectos e dos custos pode ser consultado no Quadro 5.1 abaixo.

Projectos	Ano 1	Ano 2	Ano 3	Ano 4	Ano 5	Total
Auditorias						
Energia Auditorias	Estabelecimento$150 h & Selecionar empresas	20$24	25$300 Empresas	25$30 Empresas0	30 empresas$360	$1350
MERAL -CO	Desempenho$75 -Auditoria de distância	Por-$25 auditoria de forma- ança	Gerir$25 e-ment Consul t-ing	Homem- $25 idade Cons ulta	Revisão$15 & Implementar as melhores práticas	$165
Investigação sobre energias alternativas						
Geotérmica	Propostas - $10 als & Selecionar Projectos	Res-$50 pesquisa	Re--$50 pesquisa	Re-$25 pesquisa	Entregar - 15$ ables/Re -view	$150
Nuclear	Propostas - $10 als & Selecionar Projectos	Res-$50 busca	Re-$50 pesquisa	Re-$25 pesquisa	Entregar - 15$ ables/Re -view	$150
Financiamento						

Académico -navios	Instalação &$10 Selecionar aplicações	Dis- $25 burse 0 - ment	Desembolso - 250$ sementeira	Disbu$250 r- seme	Desembolsar $250 -mento	$1010

Formação	Docentes$25 Melhoria da educação	Stu-$25 dent0 Programa de formação	Estudante$250 t Programa de formação	Stu-$250 Programa de formação de dentistas	Estudante$250 Programa de formação	$1025
Cooperativa s	Instalação &$5 Esforços de colaboração	Stu-$5 dent Place - ment	Estudante$5 t Colocação	Stu-$5 dent Lugar -ment	Último $10 Estudante Colocação & Esforços de revisão	$30
Workshops	Trabalho- $30 shop Desenvolvimento	10 $50 Trabalho - loja s	15 $70 Workshops	15 $70 Trabalho - loja s	15 $80 Workshops e revisão do projeto	
Vento	Seleção do local/Início do projeto	$45 Instal 0 1 50 MW	$900 Instalar 100 MW	$130 Instalação 0 1 150 MW	$130 Instalar0 150 MW	$4
Geotérmica						
Natib, Bataan	Acabamento$100 Pré-desenvolvimento	Begi$80 n Construção	Con-$80 estruturação	Início da operação	Garantia de qualidade	$160. 1o.
Mabini, Barangays	Acabamento$100 Pré-desenvolvimento	Begi$40 n Construção	Con-$40 estruturação	Início da operação	Garantia de qualidade	80,1 milhares de dólares.

Estrelas biológicas	Baran-$25 Seleção de gays/início do projeto	100$25 Biodiges ters/I nstall a- tion	400$100 Biodigestores/Insta la- ção	500$125 Biodiges -ters/ Instal l- ation	500 -$125 Biodiges -ter/ins- talação	$400
Barangays	Baran-$25 Seleção gay (3)	Sup-$25 porto Negociação fora do MER ACL O e barangay	Piloto$25 Programa	Re-$25 visão do Programa	Expandir$50 Programa, se for caso disso	$150

Figura 5.6: Custos e calendário do projeto
Fonte: Autores do capítulo

CAPÍTULO 6

ÁGUA

Fontes: http://www.getintravel.com/manila-philippines/high-rise-condomínios-e-escritórios-de-fort-bonifacio-moderno-financeiro-e-empresarial-distrito-do-metro-manilha-nas-filipinas/, 2012
http://www.adb.org/features/tapped-out-solving-asias-water-crisis-adbs-take, 2012

Anthony Bridgewater Sunida Chinnawong Anna Snyder

6.1 Antecedentes

O sector da água na região metropolitana de Manila enfrenta desafios semelhantes aos de outros países em desenvolvimento: acesso pouco fiável a água potável a preços acessíveis. Esta situação é agravada por uma população urbana em rápido crescimento, muitos dos quais ocupam aglomerados informais sem um abastecimento doméstico através de condutas. A NCR é a região mais densamente povoada das Filipinas, com 18.165,1 pessoas/km^2 distribuídos por uma área administrativa de 636 km^2 (Banco Asiático de Desenvolvimento, 2014). Este cenário descreve uma população metropolitana que sofre de constante insegurança hídrica.

Antes de 1997, a água da região metropolitana de Manila era fornecida pelo Metropolitan Waterworks and Sewerage System (MWSS), uma filial do Department of Public Works and Highways. Este organismo público tinha um historial de mau serviço e níveis crescentes de dívida na ordem das centenas de milhões de dólares. Até 1997, o MWSS servia apenas dois terços da população da região metropolitana de Manila, ou seja, 6,3 milhões de pessoas. Os restantes 3,3 milhões não dispunham de ligações a um sistema de abastecimento através de condutas e eram obrigados a abastecer-se de água noutro local.

A privatização foi vista como uma solução viável e, em 1997, foi implementada através de um modelo de concessão em que a região de Metro Manila foi dividida em áreas de serviço oeste e leste, a serem geridas por dois concessionários distintos até ao ano 2022. As obrigações do Contrato de Concessão consistiam no tratamento e distribuição de água potável e na gestão da cobrança de facturas e dos serviços de saneamento/esgotos.

6.2 Principais problemas

6.2.1 Água não facturada

A água não faturada (ANR) é definida como a diferença entre a quantidade de água colocada no sistema de distribuição e a quantidade de água faturada aos consumidores (Espiritu, 2011). Esta água perde-se do sistema por fuga, roubo ou má gestão e, por isso, não é facturada. Antes da privatização, a NRW era de 60%, mas atualmente é de 29,4% na Maynilad Water Services Inc. (MWSI) e de aproximadamente 11% na Manila Water Company Inc. (MWCI). A NRW pode ser considerada como uma perda física ou uma perda aparente. As perdas físicas referem-se à perda de água efectiva em resultado de fugas nas condutas. As perdas aparentes referem-se à perda de receitas, exemplificada pela água não facturada devido a erros nos dados ou nos contadores, bem como por descargas e roubos no sistema (Ibid.). A NRW contribui para o problema de apenas 68% dos clientes da região oeste receberem um abastecimento de 24 horas. Este desfasamento entre a procura e a oferta faz com que a água seja comprada a vendedores ilegais a preços exorbitantes ou roubada das linhas da rede através de ligações não autorizadas. A deteção de NRW é importante para mitigar a redução nas alocações de água que ocorrem como resultado da escassez de água que surge devido a questões ambientais.

6.2.2 Urbanização rápida

A rápida urbanização está a exercer uma pressão significativa sobre as infra-estruturas de água da região metropolitana de Manila. Desde 1997, a MWCI tem vindo a registar melhorias constantes e a manter-se rentável, enquanto a MWSI tem ficado constantemente para trás. No entanto, em 2010, a MWSS aprovou a prorrogação do prazo do contrato de concessão por 15 anos para a MWSI continuar a operar (Maynilad Water Services Inc., 2010).

Atualmente, estima-se que 3,3 milhões de pessoas na região oeste da área metropolitana de Manila vivam sem um abastecimento de água fiável 24 horas por dia. Com mais de três quartos da população nacional projectada para viver em áreas urbanas até 2030, os desafios da urbanização serão sem dúvida amplificados nesta região, uma vez que as infra-estruturas lutam para acompanhar o aumento projetado de habitantes.

6.2.3 Acessibilidade

Para garantir que as operações possam continuar de forma sustentável, os fornecedores de serviços de água devem cobrar tarifas que lhes permitam recuperar os seus investimentos, que incluem lucros regulados pelo governo. O custo da água é fortemente subsidiado, com os clientes mais pobres a pagarem aproximadamente 24% do custo da ligação. O coeficiente de Gini de Manila, de 0,41, é um indicador sombrio da significativa desigualdade intra-urbana e dos elevados níveis de pobreza associados (Banco Asiático de Desenvolvimento, 2014). Isto significa que os seus habitantes mais vulneráveis não são verdadeiramente capazes de pagar a água ou outros serviços urbanos básicos. Além disso, os prestadores de serviços de água não conseguem manter ou aumentar a cobertura dos serviços sem uma base de clientes que paguem as tarifas para recuperar os seus custos.

6.2.4 Água potável em povoações ilegais

A MWSS, a Maynilad e a Manila Water Company recusam-se frequentemente a estender as infra-estruturas de água às povoações ilegais devido à sua natureza ilícita e à sua impermanência. Têm também receio de que os ocupantes roubem água dos canos. Além disso, uma vez que estas povoações ilegais são construídas em zonas como planícies aluviais, faixas de rodagem de caminhos-de-ferro e lixeiras, é frequente não haver espaço suficiente para as canalizações. Para além disso, os trabalhadores têm dificuldade em chegar a estas áreas porque estão construídas em espaços perigosos. Como resultado, as pessoas mais pobres da sociedade têm de comprar a água a vendedores e, muitas vezes, acabam por pagar 10 a 25 vezes mais do que os membros mais ricos da sociedade (Argo, 2011).

6.2.5 Poluição dos cursos de água

Muitos dos cursos de água de Manila foram considerados biologicamente mortos devido à quantidade de lixo e poluição neles existente. (*The Philippine Star*, 2004). A equipa de esgotos e saneamento irá

A limpeza dos cursos de água teria muitos benefícios, incluindo ajudar a renovar o lençol freático, melhorar a saúde geral, permitir uma melhor drenagem das cheias durante as catástrofes naturais, bem como os benefícios económicos que poderiam advir do aumento do turismo quando o ambiente é esteticamente mais apelativo. A maioria dos rios da região metropolitana de Manila já tem as suas margens cimentadas para proteger os edifícios construídos junto a eles, embora a esmagadora maioria desses edifícios tenha os seus sistemas de esgotos a desaguar diretamente nos rios. Esta é uma prática aceite nas Filipinas.

6.2.6 Inundações/desastres naturais

Todos os anos há seis a sete tufões na NCR, que provocam grandes inundações. Os terramotos destrutivos e os tsunamis são catástrofes naturais a que a região metropolitana de Manila também está sujeita e que podem causar grandes inundações (CIA, 2015). O efeito destas inundações é agravado pela poluição extrema da cidade. Esta poluição inclui lixo que bloqueia os sistemas de drenagem e obstrui os cursos de água. Além disso, os assentamentos ilegais ao longo das planícies de inundação e dos cursos de água reduzem a capacidade de drenagem durante as inundações (*Environment and Natural Disasters*, n. d.).

6.3 Opções selecionadas

6.3.1 Reforço da capacidade institucional

O Programa SUKI, desenvolvido em 2005, é um programa criado pelo MWCI para ajudar as operações comerciais "mom and pop" a tornarem-se fornecedores estabelecidos, ao mesmo tempo que ajuda os fornecedores de serviços de água a melhorar a prestação de serviços. É um programa mutuamente benéfico, que serve como uma ferramenta de desenvolvimento económico, ao mesmo tempo que melhora os objectivos do prestador de serviços (Banco Asiático de Desenvolvimento, 2014). Desde que a MWSI mudou de proprietário em 2007, a nova direção orquestrou uma série de reestruturações internas e investimentos de capital para reduzir os níveis de NRW, melhorar o serviço ao cliente e tornar a empresa novamente rentável. Entre 2008 e 2012, foram investidos 760 milhões de dólares em projectos de investimento destinados a substituir e reabilitar redes e linhas deterioradas. A introdução de Áreas de Medição Distritais (DMAs), também utilizada pela MWCI, permitiu a subdivisão e a gestão localizada da rede, em vez de uma abordagem altamente centralizada e burocrática (Espiritu, 2011).

A MWSI formou parcerias com sindicatos, que não só atingiram objectivos técnicos, como também ajudaram a melhorar a gestão e as relações com os trabalhadores. Estas parcerias ajudaram especificamente a resolver problemas de deteção de fugas, indemnização e benefícios dos trabalhadores, direitos dos trabalhadores e serviços jurídicos e segurança dos trabalhadores nos locais de trabalho (Ibid.).

Recomenda-se que os programas acima mencionados, atualmente executados por ambas as concessionárias, sejam melhorados e expandidos para ajudar a gerir as actuais e futuras exigências de infra-estruturas, a prestação de serviços e os desafios de satisfação do cliente. Além disso, devem ser realizadas auditorias e avaliações independentes para garantir o cumprimento das obrigações do Gabinete de Regulação da MWSS e a harmonização com o planeamento regional e os esforços de gestão do crescimento.

6.3.2 Melhoria do programa Água para a Comunidade

"Tubig Para Sa Barangay" (TPSB), ou Água para Comunidades de Baixo Rendimento, é uma iniciativa desenvolvida pela MWCI que conseguiu aumentar o acesso à água para as comunidades pobres e de baixo rendimento. Isto foi conseguido através da eliminação de uma barreira crítica ao processo de pedido de ligação - a prova de propriedade da terra (Banco Asiático de Desenvolvimento, 2014). Um lançamento e adoção bem-sucedidos da aplicação móvel de posse de terra proposta pela equipa de alívio da pobreza no Capítulo 2 permitiria que muito mais pessoas recebessem ligações domésticas.

Outro elemento crucial do programa TPSB são os planos de financiamento flexíveis para a ligação, com os clientes a optarem por pagar uma taxa inicial de 33 dólares americanos ou pagar a taxa em prestações durante um período de 36 meses. Isto equivale a menos de 1 USD por mês (Ibid.).

A MWCI conseguiu aceder a uma subvenção através do programa Global Partnership on Output-Based Aid (GPOBA) do Banco Mundial, subsidiando assim o custo da ligação (100 USD por ligação). O valor desta subvenção foi de 2,8 milhões de dólares e teve impacto na vida de 1,7 milhões de pessoas. Utilizando este impacto como referência para o custo de fornecimento de acesso acessível 24 horas por dia, pode estimar-se que seriam necessários 6,4 milhões de dólares (ajustados à inflação) para fornecer acesso fiável a aproximadamente 3,3 milhões de clientes mal servidos na região ocidental da área metropolitana de Manila.

O desenvolvimento futuro dos centros urbanos dentro ou na fronteira com a NCR deve promover um desenvolvimento mais denso, utilizando práticas de construção ecológicas sempre que possível. Esta abordagem reduziria a procura de investimentos de capital em infra-estruturas de redes de água para o desenvolvimento futuro nesta região em rápido desenvolvimento.

6.4 Reabilitação de cursos de água

6.4.1 Extensão do projeto "Kapit Bisig Para sa Ilog Pasig

Para combater a poluição dos cursos de água, devem ser tomadas medidas para implementar a Lei da Água Limpa, RA 9275 (*Environment and Natural Disasters*, n. d.). Isto seria conseguido através da organização Kapit Bisig Para sa Ilog Pasig Project (KBPIP). O KBPIP, juntamente com vários doadores e participantes, incluindo a MWSS, a Manila Water Company, a Maynilad, a IBM, o Citibank, o Departamento de Turismo, a SC Johnson, a McDonalds, a Unilever e quase 200 outros parceiros locais e internacionais, já realizou um trabalho extremamente eficiente de melhoria da qualidade do rio Pasig (*Kapit Bisig Para sa Ilog Pasig*, n. d.). Este facto é demonstrado nas duas imagens que se seguem. A Figura 6.1 é uma parte do rio Pasig fotografada em abril de 2009, antes de o KBPIP ter iniciado o seu projeto, e a Figura 6.2 é uma imagem de fevereiro de 2011, depois de o KBPIP ter levado a cabo uma série de medidas. Esta comparação mostra visualmente a eficiência do programa.

Figura 6.1: Ponte de Osmena antes de abril de 2009
Fonte: https://pasigriverwatch.wordpress.com/2011/03/10/updates-on-pasig-river/, 2011

Figura 6.2: Ponte de Osmeña após fevereiro de 2011
Fonte: https://pasigriverwatch.wordpress.com/2011/03/10/updates-on-pasig-rio/, 2011

Este programa deve ser continuado no rio Pasig, bem como reproduzido noutros rios da região, começando pelos rios San Juan, Parañaque e Marilao (Ibid.).

6.4.2 Planos fluviais

1. Rio San Juan

O rio San Juan atravessa as cidades de Quezon, San Juan, Manila e Mandaluyong. Toda a sua bacia, incluindo os seus afluentes, tem uma área de captação de 90,4 km2, compreendendo a metade inferior da cidade de Quezon, a cidade de San Juan e partes da cidade de Mandaluyong, da cidade de Pasig e da cidade de Manila. Da área total, cerca de 78 km2 estão localizados na cidade de Quezon. O rio San Juan drena a água da cidade de Quezon (como Tand e Sora e até Sauyo/Fairview/, San Juan e Manila) e bombeia a água para o rio Pasig.

Figura 6.3: Rio San Juan, Filipinas
Fonte: http://www.zamboanga.co, 2015

2. Rio Parañaque

O rio Parañaque é um rio no sul da região metropolitana de Manila, que entra na baía de Manila entre os barangays de Don Galo e La Huerta, a norte da catedral de Parañaque.

Figura 6.4: O rio Paranaque
Fonte: Google Maps, 2015

3. Rio Pasig:

O rio Pasig é um rio de grandes dimensões. Atravessa cinco cidades e quatro municípios. Liga-se à Baía de Manila a oeste, o principal porto de comércio e viagens marítimas do país, e à Laguna de Bay a leste, que é o maior lago de água doce do país, e liga 30 cidades suburbanas ao centro metropolitano. Antes do período colonial, o rio Pasig era o principal ponto de entrada do comércio internacional no que é atualmente a cidade de Manila.

Os avanços nos transportes terrestres alteraram consideravelmente a paisagem.

Figura 6.5: O rio Pasig

Fonte: Google Maps, 2015

4. O rio Marilao

O rio Marilao drena as águas de Marilao, Meycuayan, até ao lado noroeste da zona da barragem de La Mesa. Dois outros rios, o rio Santa Maria e o rio Balagtas, ligam-se ao rio Marilao na zona de Obando antes de chegarem à baía de Manila.

Figura 6.6: O rio Marilao
Fonte: Google Maps, 2015

O programa River Warrior implementado pelo KBPIP é de valor inestimável para o sucesso da reabilitação destes quatro rios. Os Guerreiros do Rio são líderes de barangay que são treinados em programas da KBPIP que incluem material sobre aplicação da lei, gestão ecológica de resíduos, seminários de liderança, reabilitação de esteros (estuários) e meios de subsistência (Ibid.). Deve ser concedido mais financiamento a este programa, uma vez que o investimento da comunidade é fundamental para o sucesso de qualquer uma destas medidas sugeridas. Para além disso, os Guerreiros do Rio devem ser estabelecidos como futuros líderes dos esforços de angariação de fundos.

O Mercado PACO é um mercado amigo do ambiente que inclui materiais feitos a partir de produtos reciclados, utilizando menos água e menos energia. Os vendedores pagam uma taxa para vender os seus produtos (Ibid.). Este modelo deve ser usado como um método para a própria comunidade financiar a reabilitação dos rios, estabelecendo o Mercado PACO como um local central para o envolvimento cívico. Os Guerreiros do Rio devem ser responsáveis por liderar a comunidade no planeamento e na realização de operações de angariação de fundos para ajudar a financiar a reabilitação dos rios. Esta seria uma forma de ajudar as pessoas a sentirem-se pessoalmente investidas no rio, bem como de financiar o seu funcionamento e manutenção. Os projectos basear-se-iam em decisões comunitárias. Um exemplo de uma operação de angariação de fundos bem sucedida é o evento Run for the Pasig River (Ibid.).

6.4.3 Lagoas de estabilização

A tecnologia de lagoas de estabilização ou "lagoas" é um método natural de tratamento de águas residuais que requer uma quantidade considerável de espaço e, por isso, não é geralmente adequado para áreas urbanas. Pode tratar águas residuais municipais, efluentes industriais ou águas pluviais poluídas. Após o tratamento, o efluente pode ser devolvido ao ambiente como fertilizante e água de irrigação. Neste caso, o rio Marilao tem potencial para a implementação desta medida porque tem espaço suficiente na área. Estas áreas podem ser utilizadas para construir lagoas de estabilização para tratar as águas poluídas da área metropolitana de Manila.

6.4.4 Zonas húmidas construídas

As zonas húmidas construídas são sistemas de tratamento que utilizam processos naturais que envolvem a vegetação das zonas húmidas, os solos e os seus conjuntos microbianos associados para melhorar a qualidade da água. Neste caso, o rio mais adequado para suportar uma zona húmida construída é o rio Paranaque, devido à sua proximidade com o mangal e o estuário

6.4.5 Programa "poluidor-pagador" para resíduos industriais nos rios

Outro componente da poluição dos rios da região metropolitana de Manila são os resíduos industriais. Isto é especialmente prevalecente no rio Marilao (*Environment and Natural Disasters*, n. d.). A melhor maneira de combater este problema é a redução na fonte. A MWSS deve trabalhar diretamente com as empresas para reduzir a quantidade de toxinas incluídas nas suas operações antes de serem libertadas no ambiente. Esta redução seria conseguida através de um programa de educação sobre alternativas químicas mais seguras a serem utilizadas nas respectivas indústrias. Seria consolidada uma base de dados para consulta sobre quais seriam exatamente esses produtos químicos (*Pollution Prevention (P2),* n. d.).

Para dar força a este esforço, deveria ser criado um Programa Poluidor-Pagador para multar as fábricas que poluem os cursos de água. Os critérios do que constitui exatamente "substâncias poluentes" seriam estabelecidos pelo emprego dos métodos que o KBPIP utiliza nos seus procedimentos de limpeza e nos testes às águas dos rios. Esta iniciativa incidiria especificamente sobre os resíduos industriais, uma vez que a poluição química tóxica se verifica a um nível tão elevado e gera riscos extremos para a população, ameaçando o abastecimento de água. Esta iniciativa começaria por ser aplicada às indústrias que poluem o rio Marilao e, se fosse bem sucedida após um período experimental de um ano, seria alargada. As instalações fabris seriam objeto de uma auditoria para verificar em que medida são responsáveis pela poluição. A taxa seria então proporcional à quantidade de toxinas emitidas e ao preço do custo da limpeza dessas substâncias do rio. Esta iniciativa seria estabelecida com base na premissa legal de que a contaminação dos cursos de água é potencialmente prejudicial para a qualidade do produto da Maynilad e da Manila Water Company, o que lhes custaria mais dinheiro para o tratamento da água. O MWSS seria responsável pela cobrança da taxa. Este gabinete utilizaria depois as receitas da taxa para conceder subsídios a distribuir pelas organizações que trabalham na limpeza dos rios. Uma vez que a Maynilad e a Manila Water Company têm trabalhado em estreita colaboração com a KBPIP, são os destinatários prováveis, mas as subvenções não se limitarão apenas a estas organizações (Cordato, 2001).

6.5 Plano de Resiliência a Catástrofes Naturais

6.5.1 Inspecções de instalações hídricas

Para atenuar a destruição da infraestrutura hídrica causada por futuras catástrofes naturais, devem ser realizadas auditorias e inspecções regulares às instalações hídricas, com maior frequência durante o período imediatamente anterior à estação das chuvas, para preparar futuros desenvolvimentos. Os códigos de construção devem ser inspeccionados para garantir que estão actualizados e devem ser avaliados para garantir que estão a ser utilizadas as melhores práticas (*Environment and Natural Disasters*, n. d.).

6.5.2 Mapeamento de perigos

Devem ser criados mapas de risco de inundação para estabelecer um plano para as zonas de alto risco de inundação e para as zonas que são fundamentais para a drenagem. Esta última área deve ser dividida em zonas para que não sejam construídas estruturas que possam bloquear a drenagem. Deve ser disponibilizado financiamento para desenvolver melhores dados que possam ser utilizados em sistemas GIS para mapear estas áreas específicas (Ibid.). Isto seria realizado como parte do plano diretor de gestão das inundações para a área metropolitana de Manila, aprovado em julho de 2012

6.5.3 Vias de inundação

Uma "zona de inundação" é o canal de um rio ou outro curso de água e as áreas de terreno adjacentes que devem ser reservadas para descarregar a inundação de base sem aumentar cumulativamente a elevação da superfície da água para além de uma altura designada (FEMA, 2015). As comunidades devem regular o desenvolvimento nestas zonas inundáveis para garantir que não haja aumentos nas elevações das cheias a montante.

Neste caso, o rio San Juan tem o potencial de absorver a água quando se encontra com a inundação. A principal causa das inundações em vários barangays da cidade é o rio San Juan, fortemente assoreado, onde a maior parte do fluxo de lixo da cidade de Quezon, a montante, desce para San Juan, Mandaluyong e Manila, acabando no rio Pasig. Uma certa quantidade de lixo e detritos provenientes das três últimas cidades também constitui um problema

A cidade de San Juan participa ativamente nas Alianças da Zona Bayanihan de Controlo de Cheias da MMDA, Zonas 6 e 7, que ajudam a realizar operações de limpeza ao longo dos riachos Maytunas e Ermitanyo e monitorizam o programa de controlo de cheias da MMDA, da cidade de San Juan e da cidade de Mandaluyong (Rio San Juan - da cidade de Quezon a Mandaluyong, 2012).

6.5.4 Programa de plantação de árvores

A plantação de árvores ajudaria a aliviar uma variedade de problemas que ocorrem atualmente na região metropolitana de Manila. A plantação de árvores nativas, que são naturalmente mais resistentes aos tufões, ajudaria a reduzir os danos causados pelas árvores arrancadas e pela erosão. Além disso, as árvores ajudariam a melhorar a qualidade do ar e a restaurar o lençol freático esgotado. A restauração do lençol freático diminuiria a escassez que surge devido à falta de chuva ou a fenómenos meteorológicos como o El Niño (Ranada, 2015). Para realizar esta tarefa, o KBPIP deve associar-se às crianças das escolas para plantar as árvores. O ato de plantar uma árvore ajudaria as pessoas a empenharem-se mais pessoalmente na proteção do ambiente, criando algo com as suas próprias mãos, especialmente se isso começar numa idade jovem. As crianças em idade escolar também poderiam cuidar mais destas árvores para dar continuidade a este sentimento de investimento. O National Greening Project está atualmente a trabalhar num programa de plantação de árvores, mas este deveria ser alargado com o envolvimento das crianças nas escolas, bem como com a utilização de mais plantas nativas (Ibid).

6.5.5 Área de proteção

Entre 1970 e 2013, a região metropolitana de Manila sofreu três super tufões, denominados Sening (Joan), Titang (Kate) e Yoling (Patsy). Em 1947, um deles causou estragos na cidade de Manila, nas suas áreas suburbanas e nas províncias vizinhas, em termos de inundações e danos materiais. No entanto, só em novembro de 1991 é que o tufão Uring causaria mais de 5.000 mortos (Ado, 2009).

Uma zona de proteção permitiria atenuar a destruição causada pelas tempestades antes de estas ocorrerem.
Este projeto utilizaria plantas nativas para ajudar na recuperação da terra e criar um mangal na zona do rio Parañaque e na fronteira entre a baía de Manila e a região metropolitana de Manila.

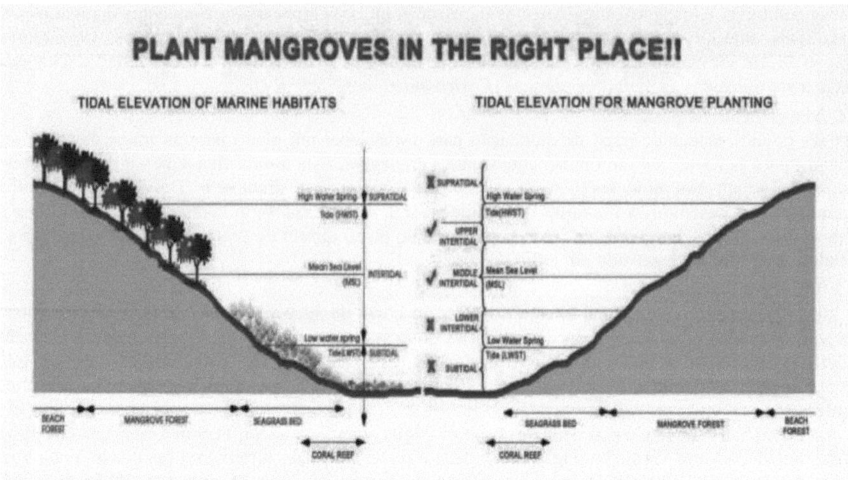

Figura 6.7: Localização intertidal dos mangais e zonas de plantação recomendadas
Fonte: http://mangroveactionproject.blogspot.com, 2015

Tipos de plantas

> As zonas de maior velocidade do vento durante as tempestades, ou seja, 5 a 10 pés por segundo, devem ser plantadas com plantas de caule flexível e gramíneas que se deitem sob o peso do fluxo rápido.

> Para abrandar a erosão dos diques, podem ser plantadas plantas de caule flexível nos lados dos diques que sofrem fluxos de alta velocidade.

> Para permitir o transporte de sedimentos durante as cheias, as sebes de plantas lenhosas de caule flexível devem ser intercaladas com faixas largas de espécies herbáceas ou gramíneas.

> Utilizando os contornos de velocidade do modelo hidráulico dos caudais de cheias, o planeador de restauro e manutenção pode determinar onde a vegetação da planície aluvial deve ser utilizada ou colocada para produzir os resultados desejados.

> Áreas de velocidade lenta, ou seja, 1 a 2 pés por segundo, geralmente podem ser plantadas com árvores e arbustos em densidades bastante moderadas porque a velocidade mais lenta é causada pela geomorfologia do canal e pelas caraterísticas do fluxo em várias profundidades, não pela vegetação (NRCS, 2013).

Tipo de plantas		**Detalhes/áreas**
Árvores:		
Nome: *Angiospérmicas.* Eufl'.'CQfS. /?Q5.ds I'Steotea' Espécies: *R. muprapata*		*Utilizamos a árvore de raiz pneumatófora porque consegue manter-se viva quando a água inunda e tem múltiplas utilizações. É utilizada para ajudar a prevenir a erosão costeira e na restauração de habitats de mangais.* *Resolver para: Zona de inundação. Zona húmida construída e zona de proteção (tufões/grandes tempestades)*
Nome: *T.aiisay. Tropical amêndoa, amêndoa de Bengala. Amêndoa da Índia. Amêndoa do mar, amêndoa da praiaf* Espécies: *T. catapoa*		
Arbustos/ Plantas marginais:		
Nome: *Canna* Espécies: *C*		: As plantas arbustivas têm a espécie 'Jie como a mesma que 'Jie Canna iMiea forma grandes aglomerados densos, particularmente em zonas ribeirinhas (margens de cursos de água), e substitui espécies nativas de água doce e zonas húmidas. Pode restringir o movimento da água e os outros benefícios que pode controlar as inundações através das suas raízes e forma. *Solvo para: Zona de inundação, zona húmida construída e lagoas de estabilização*
Nome: *Fábrica de papel egípcia. Papiro, papel egípcio papiro de cana L.)* Espécies: *Cyperaceae*		
Coberturas de solo:		
Nome: *AkulikuiL Akulikilli (S&uxwm)* Espécie: flflzMaGASiCMZU		: Para abrandar a erosão dos diques, podem ser plantadas plantas de caule flexível nos lados dos diques que sofrem fluxos de alta velocidade. *: Zona de inundação. Zona húmida construída,*

Figura 6.8: Tipos de instalações para gerir e tratar a água

Fonte: Autores do capítulo

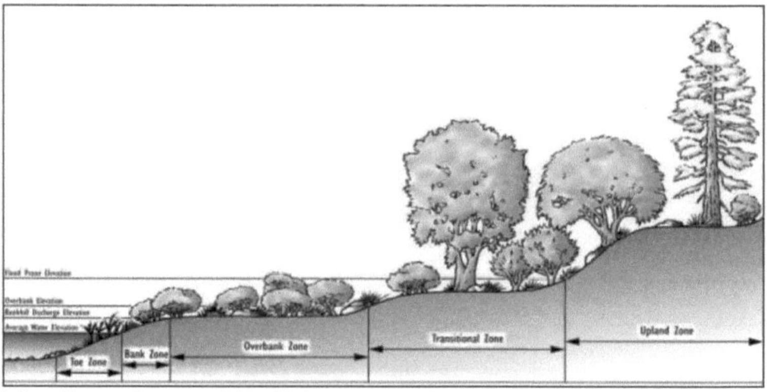

Figura 6.9: Localização das zonas hidrológicas ao longo de um canal ou linha de costa
Fonte: Resources, N., Service, C., e Standard, C. P., 2003

Operação e manutenção

1. *Zona de inundação*: Anos 1 a 3

O primeiro ano do projeto seria reservado para estudos de viabilidade e adequação, enquanto que no segundo ano seriam efectuadas plantações em toda a região. O segundo e o terceiro anos seriam para (1) conceber a forma de direcionar o fluxo de água através de dragagem, (2) planear o fluxo de água na região e (3) construir a via de inundação (ver Figura 6.10 abaixo). Este projeto deverá estar concluído em 2 a 3 anos.

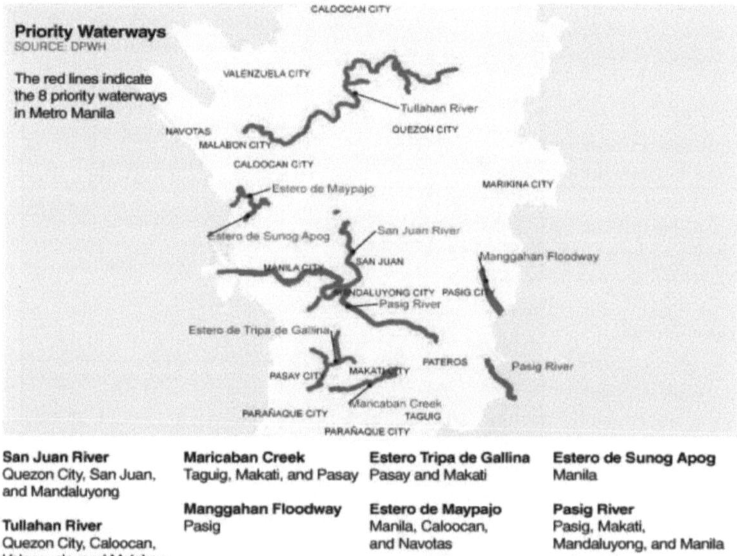

Figura 6.10: Cursos de água que atravessam 12 das 17 unidades governamentais locais na Região da Capital Nacional
Fonte: http://www.gmanetwork.com/news/story/313881/news/specialreports/flooding- ao longo-das-principais-vias-d'água-pode-ser-aliviado-por-localização-de-colonos-informais

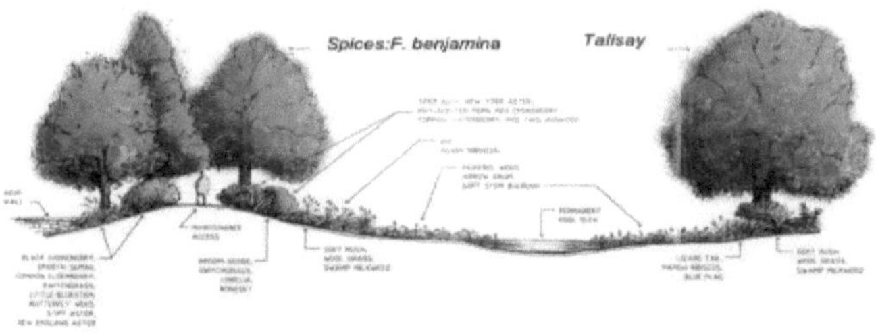

Figura 6.11: Um projeto que utiliza plantas em torno de uma zona inundável
Fonte: NYC DEP, n. d.; editado por Sunida Chinnawong, 2015

2. *Área de proteção; tufões/grandes tempestades:* Anos 2 e 3

Nos anos 2 e 3, seria concebida a zona de proteção da orla marítima contra tufões e grandes tempestades. No segundo ano, o primeiro passo seria a preparação do local e a aquisição dos dados necessários para o projeto da zona do rio Parañaque, e as plantas enraizar-se-iam. O projeto deverá durar entre 1 e 5 anos.

3. 6 Financiamento

Projeto 1: Projeto de expansão da água para as comunidades de baixos rendimentos

Total do projeto: $ 6.500.000 USD

Proposta de financiamento: Departamento de Estradas de Rodagem e Obras Públicas - dotação orçamental do governo. O desembolso pode ser efectuado numa base faseada.

Projeto 2: Reabilitação de rios

> Estudo e criação de uma base de dados de produtos químicos: $2.000 USD

> Guerreiros do Rio: $100.000 USD

> Total do projeto: $102,000 USD

Financiamento proposto; Uma subvenção técnica de 1,5 milhões de dólares do Banco Mundial ao abrigo do Fundo Fiduciário da Facilidade Global para a Redução e Recuperação de Catástrofes da Agência Australiana para o Desenvolvimento Internacional (AusAID); taxas obtidas com a PPP

Projeto 3: Cartografia de riscos

> Desenvolvimento de dados fiáveis: $25.000 USD

> Criação de mapas: $5.000 USD

> Total do projeto: $30,000 USD

Financiamento proposto: Uma subvenção técnica de 1,5 milhões de dólares do Banco Mundial ao abrigo do Fundo Fiduciário da Facilidade Global para a Redução e Recuperação de Catástrofes da Agência Australiana para o Desenvolvimento Internacional (AusAID).

Projeto 4: Programa de plantação de árvores

Custo: Projectos fluviais (1, 2 e 3)

> Auto-inquérito: $100.000 USD

> Trabalhos de dragagem: $500.000 USD

> Construção: $5.000.000 USD

> Plantas: $50,000 USD

> Total do projeto: $5.650.000 USD

Financiamento proposto: Uma subvenção técnica de 1,5 milhões de dólares do Banco Mundial ao abrigo do Fundo Fiduciário da Facilidade Global para a Redução e Recuperação de Catástrofes da Agência Australiana para o Desenvolvimento Internacional (AusAID); um empréstimo de 100 milhões de dólares do Banco Asiático de Desenvolvimento

CAPÍTULO 7

Fonte: http://static.rappler.com/images/AFP-garbage-collector19062012.jpg

ESGOTOS E SANEAMENTO

Paola Garrido
Jalisa Harris

7.1 Objetivo e prioridades

O objetivo deste capítulo é desenvolver um plano de desenvolvimento de esgotos e saneamento que responda às actuais necessidades ambientais da área metropolitana de Manila. As prioridades são:

> Um programa de educação ambiental;

> Um programa obrigatório de segregação e eliminação de resíduos, e

> Um projeto de agricultura urbana.

7.2 Antecedentes

Metro Manila é indiscutivelmente a cidade mais densamente povoada do mundo e, como muitas outras áreas densamente povoadas com regulamentação insuficiente, há consequências associadas. Nesta megacidade, uma quantidade significativa de poluição é criada através de resíduos industriais, emissões de automóveis e lixeiras a céu aberto (*The Philippines Country Study*, 2013). Os métodos inadequados de eliminação de resíduos também desempenham um papel fundamental na poluição da região e conduzem a condições sanitárias abismais.

A área metropolitana de Manila "gera diariamente cerca de 7000 toneladas métricas de resíduos sólidos, com uma produção diária de resíduos de 0,66 kg per capita por dia (Bernardo, 2008; Storey, 2012)". Além disso, Emy Aguinaldo, o diretor executivo da Comissão Nacional de Gestão de Resíduos Sólidos - como citado no Philippine Daily Inquirer - afirma que um único residente da área metropolitana de Manila produz uma quantidade de resíduos diários cerca de 130% superior à média global de 0,3 kg por pessoa por dia (Alave, 2011). Tendo em conta este facto, a quantidade de resíduos gerados ultrapassa a capacidade de eliminação eficiente da área metropolitana de Manila. Apenas 85% dos resíduos são recolhidos, enquanto os restantes 15% são normalmente deixados nas ruas ou despejados em cursos de água (Bernardo, 2008). Esta situação fez com que vários rios da NCR se tornassem biologicamente mortos, nomeadamente o rio Pasig.

Um dos principais problemas da gestão de resíduos na região metropolitana de Manila é a perspetiva comum de quem é responsável. Cerca de 69% da população acredita que o governo é responsável pela recolha e eliminação do lixo (Ibid.). Esta crença tem-se revelado problemática para a região. Além disso, com o encerramento de dois locais de despejo, Carmona Landfill e San Mateo, no final da década de 1990 e início da

década de 2000 (Storey, 2012), em conjunto com a capacidade inadequada noutros locais, uma grave insuficiência de locais de despejo adequados também contribuiu significativamente para os problemas de eliminação de resíduos em toda a área metropolitana de Manila (Bernardo, 2008).
Uma das tragédias mais notáveis ocorridas na região metropolitana de Manila foi o colapso da montanha Payatas, uma gigantesca lixeira, em 10 de julho de 2000. Cerca de 330 pessoas - homens, mulheres e crianças que trabalhavam e viviam na montanha - foram enterradas vivas em resultado da rutura da encosta (Gaillard e Cadag, 2009; Almendral, 2014). Foram resgatadas 58 pessoas, recuperados 278 corpos e cerca de 655 famílias foram deslocadas em consequência da avalanche de resíduos (Merry, Kavazanjian e Fritz, 2005). Antes do colapso, Payatas era um local de despejo a céu aberto onde os catadores esperavam diariamente pela chegada dos camiões de despejo para remexer nas cargas em busca de artigos reutilizáveis e vendáveis.
A queda de Payatas não só acentuou a necessidade de acabar com as lixeiras a céu aberto, como também tornou clara a necessidade de implementar e cumprir os regulamentos relativos à gestão de resíduos. Nesse mesmo ano, o governo filipino encerrou a lixeira a céu aberto de Payatas (mas reabriu-a mais tarde devido ao rendimento que a recolha do lixo proporcionava aos habitantes da aldeia e à inexistência de outras alternativas para o lixo) e aprovou a Lei de Gestão Ecológica dos Resíduos Sólidos - também designada RA 9003. O estabelecimento da RA 9003 resultou na criação de organismos de gestão de resíduos sólidos aos níveis nacional, provincial e municipal do governo (Storey, 2012). A RA 9003 procura proteger a saúde do público e o ambiente, incentivando a minimização dos resíduos, a segregação dos resíduos e a participação na gestão dos resíduos sólidos ao nível do sector privado e do barangay (aldeia).
Embora o governo filipino tenha estabelecido a RA 9003, o problema perene da gestão dos resíduos sólidos na região metropolitana de Manila é a falta de regulamentação. Atualmente, a lei especifica que metade de todos os resíduos deve ser desviada e, em cada poucos anos, o desvio de resíduos aumentará ligeiramente até atingir 93% (Wrona, 2014; Almendral, 2014). De acordo com uma análise do Banco Asiático de Desenvolvimento (conforme citado no Philippine Daily Inquirer), "os 93% são a porção do lixo de um filipino médio que pode ser compostada ou reciclada (Almendral, 2014)." Infelizmente, esta lei, à semelhança de outras leis nas Filipinas, não foi implementada. No entanto, a aplicação das leis e regulamentos existentes é fundamental para ajudar Manila a tornar-se uma cidade sem resíduos.
Este capítulo abordará mais aprofundadamente os actuais problemas de saneamento na área metropolitana de Manila, bem como recomendará várias soluções que, se forem rigorosamente aplicadas, poderão ajudar a mitigar os problemas de esgotos e saneamento enfrentados em Manila.

7.3 Condições actuais em Manila

7.3.1 Condições actuais em Manila - Saneamento

Um saneamento inadequado ameaça o bem-estar dos filipinos e, essencialmente, a economia das Filipinas. Na região metropolitana de Manila, muitos dos problemas de saúde sentidos pelos residentes estão ligados à falta de saneamento. Em 2004, foi noticiado que "vinte e cinco filipinos morrem de diarreia todos os dias e que epidemias relacionadas com o saneamento surgiram nos últimos anos em comunidades de baixo rendimento (*Philippines Sanitation Sourcebook*, 2004)". O surto de epidemias relacionadas com o saneamento é provavelmente o resultado do despejo de resíduos em cursos de água como o rio Pasig - como já foi referido anteriormente.
Numa determinada altura da história:

> O rio Pasig, que atravessa a secção urbana central da região metropolitana de Manila, era uma importante via navegável de importância histórica, social, cultural e comercial para as Filipinas. O crescimento da população, a urbanização e as actividades industriais, com os resultados concomitantes da descarga indiscriminada de águas residuais municipais e industriais não tratadas e de resíduos sólidos que excedem a capacidade de absorção do sistema fluvial, tornaram o rio Pasig gravemente poluído (Banco Asiático de Desenvolvimento, 2012).

Isto significa que, uma vez que o rio Pasig atravessa uma parte importante da cidade, a sua poluição afectou muitas partes da região metropolitana de Manila. De acordo com o Programa das Nações Unidas para o Desenvolvimento (PNUD, 2006), 70% da poluição do rio Pasig deveu-se a resíduos humanos e, de acordo com um relatório de 2003, 150 toneladas de resíduos domésticos e 75 toneladas de resíduos industriais foram despejados no rio Pasig (Water Environment Partnership in Asia, n. d.). Este tipo de poluição tem tido efeitos significativos e, por vezes, prejudiciais para a sustentabilidade do ambiente nas Filipinas e para a saúde pública dos cidadãos.
À medida que os resíduos se decompõem, substâncias perigosas e toxinas podem vazar para o solo, manchando o abastecimento de água local (Elloso, 2013). A água limpa - incluindo o abastecimento de água local - não é apenas crítica para a vida humana, mas também é vital para as plantas, animais e vida aquática que dependem de água limpa e higienizada. Um saneamento inadequado pode também afetar a capacidade de utilização de

rios, baías e outras massas de água para o transporte e comércio de mercadorias, limitando assim ainda mais o crescimento económico de um país.

O Monitor do Ambiente das Filipinas informou em 2007 que uma quantidade significativa das águas superficiais na maioria dos grandes centros urbanos é constituída por rios que representam um risco para a saúde pública (norma de classe C ou inferior) (Banco Asiático de Desenvolvimento, 2013). Além disso, as "bactérias coliformes encontradas em todos os rios de Manila excederam os padrões do Departamento de Meio Ambiente e Recursos Naturais (DENR), em alguns casos em várias ordens de magnitude (Ibid.)". A presença de bactérias coliformes na água indica contaminação fecal. Os coliformes podem causar diarreia, que é conhecida por ser mortal nas Filipinas.

Em 2004, foi aprovada a Lei da Água Limpa das Filipinas (RA 9275). Esta lei fornece uma abordagem abrangente e integrada para tratar as questões interligadas relacionadas com a qualidade da água, o saneamento e a poluição. A RA 9275 refuta as noções e políticas anteriores de que o saneamento é da responsabilidade de cada agregado familiar (*Philippines Sanitation Sourcebook*, 2004). Ao alterar as políticas de saneamento, o governo tem agora uma responsabilidade partilhada na garantia e proteção da qualidade da água, do saneamento e do controlo e prevenção da poluição. Garantir a provisão adequada de sistemas municipais de saneamento seria mais viável quando encarado como um esforço de grupo. Tanto os agregados familiares individuais, ou o público filipino, como as LGU devem trabalhar em conjunto para resolver os seus problemas de saneamento. A RA 9275 complementará outras leis e políticas nas Filipinas, tais como, entre outras, o Código de Saneamento (PD 856) do Sistema Metropolitano de Água e Esgotos (MWSS).

7.3.2 Condições actuais em Manila - Resíduos sólidos

A composição dos resíduos produzidos na região metropolitana de Manila é altamente biodegradável. De facto, cerca de 50% dos resíduos são matérias decomponíveis, como os resíduos de cozinha e de alimentos (Storey, 2012). Os outros tipos de resíduos incluem garrafas PET, metais, papéis, madeira, carcaças de animais, latas, caixas/cartões, garrafas de vidro, resíduos de quintal e jardim, celofane e plásticos (Bernardo, 2008). Este facto demonstra que a aplicação de métodos de compostagem, reciclagem e separação de resíduos seria uma solução viável para os problemas de gestão de resíduos da região metropolitana de Manila.

À medida que a população continua a crescer rapidamente, o mesmo acontece com a quantidade de resíduos produzidos. Este facto aumenta a importância do reforço da legislação existente. Não só os serviços de recolha estão a tornar-se menos eficientes, como também, devido à crescente oposição pública, desconfiança e má localização e gestão, as instalações de tratamento e eliminação estão a ser encerradas (Ibid.). Por conseguinte, nunca é demais sublinhar a importância da aplicação da regulamentação, tanto a nível governamental como comunitário, para atenuar os problemas de resíduos registados na NCR.

7.4 **Projectos propostos**

7.4.1 Programa de Educação Ambiental

O que é um programa de EE?

Um programa de EA é uma oportunidade prática para fornecer a crianças e adultos as ferramentas e competências necessárias para cuidar e investigar o seu próprio ambiente. Os participantes também aprendem a tomar decisões informadas e inteligentes sobre os métodos para cuidar do(s) seu(s) ambiente(s). Além disso, um programa de EA ensina as crianças e os adultos a assumirem uma responsabilidade partilhada no estado do seu ambiente.

Porque é que é necessário?

Na região metropolitana de Manila, existe uma perspetiva comum de que o governo é responsável pelo bem-estar do ambiente. Por este motivo, muitos residentes não estão a fazer a sua parte para mitigar as questões relacionadas com a gestão dos resíduos sólidos nas suas comunidades.

Como é que isto seria?

Os programas de EE seriam implementados nos currículos regulares das salas de aula para crianças do ensino primário e secundário. Estudos anteriores indicaram que a mudança social se torna mais evidente e amplamente aceite quando as crianças são o grupo-alvo - as crianças têm influência sobre os ambientes imediatos e/ou diretos.

Workshops sobre treinamento em EE seriam oferecidos a líderes e educadores locais, bem como a residentes. Isso seria feito em conjunto com um programa de conscientização.

Como é que o programa seria implementado?

Os defensores locais, em conjunto com o governo, seriam responsáveis pela construção, implementação e acompanhamento de qualquer programa de EE

7.4.2 Programa de Segregação e Eliminação Obrigatória de Resíduos (MSWD)

O que é um programa MSWD?

Um programa MSWD é um programa educacional obrigatório no qual crianças e adultos aprendem as formas corretas de separar os seus resíduos sólidos em categorias recicláveis e não recicláveis. Este programa pode ser implementado com qualquer programa de EA, mas difere da educação ambiental porque se concentra apenas nas questões relacionadas com os resíduos sólidos, na falta de gestão dos mesmos na área metropolitana de Manila e na importância de separar e eliminar os resíduos.

Porque é que é necessário?

A área metropolitana de Manila produz uma média de 8 700 toneladas de lixo por dia, das quais mais de 2 000 toneladas são resíduos domésticos biodegradáveis. É necessário saber como o lixo da região metropolitana de Manila pode ser reciclado e transformado em objectos reutilizáveis.

Como é que isto seria?

Cada agregado familiar seria responsável pela separação do seu lixo e resíduos. Ser-lhe-iam igualmente atribuídos contentores de reciclagem que seriam recolhidos quinzenalmente.

Este programa seria igualmente útil para reduzir a taxa de desemprego, uma vez que proporcionaria oportunidades de emprego.

Como é que seria implementado?

Os governos das Barangay seriam responsáveis pela construção, implementação e acompanhamento de qualquer programa de EM.

Todos fazem parte do problema, logo, todos devem fazer parte da solução. Consequentemente, os residentes seriam multados por:

1. Todos e quaisquer métodos inadequados de reciclagem e/ou eliminação de resíduos;
2. Negligência em ter os contentores prontos para recolha às horas previstas, e
3. Não participação no programa de EM.

A secção 32 da RA 9003 prevê que cada barangay ou grupo de barangays deve criar e explorar instalações de recuperação de materiais (MRF) para a triagem final, segregação, compostagem e reciclagem de resíduos, e que os resíduos resultantes devem ser transferidos para uma instalação de armazenamento ou eliminação a longo prazo ou para um aterro sanitário.

Programa de Reciclagem + Gestão de Resíduos (Programa Desperdício Zero)

Um programa de resíduos zero não significa que não haja resíduos a recolher ou a eliminar, porque tudo seria reciclado. Pelo contrário, seria uma abordagem holística do tratamento dos resíduos sólidos, em que os resíduos que ainda são úteis não seriam desperdiçados.

7.4.3 Projeto de sustentabilidade

O que é um projeto de sustentabilidade?

No caso da região metropolitana de Manila, os projectos de sustentabilidade seriam utilizados para conservar os recursos naturais das comunidades locais. Os projectos de sustentabilidade incluem a agricultura urbana e a compostagem.

7.5 Custo previsto dos projectos

7.5.1 Custo do projeto n.º 1 - Educação ambiental

A Figura 7.1 abaixo descreve as estimativas de custo total para o Programa de Supervisão de Educação Ambiental. Como dito anteriormente neste capítulo, a EA é uma prioridade para melhorar as condições atuais do setor. A implementação desse projeto focaria em fornecer um Supervisor de Educação Ambiental para cada barangay. Considerando que a RA 9003 e a Lei da República 9512 já fornecem uma estrutura que promove a Conscientização Ambiental através da EA, bem como Centros de Ecologia para fins educacionais e de treinamento, é importante garantir que os programas e recursos existentes não sejam apenas funcionais, mas também sejam implementados em toda a sua extensão, assim como a estrutura legal estabelece.

"Diversos estudos de peritos identificaram as inconsistências e a impraticabilidade das actuais disposições da lei e a sua aplicabilidade às condições locais, em especial no que se refere às LGU (Mercado, 2006). Trabalhar com as actuais LGU e prestar ajuda não só ajudará a melhorar a aplicação da lei, como também garantirá que as acções sejam tomadas.

Por essa razão, a supervisão do atual programa de EE é necessária, primeiro, para garantir que ele está sendo implementado, e, segundo, para subsequentemente gerar um impacto maior. O custo estimado deste projeto por ano totaliza $3,230,200 USD, tendo em conta que existem atualmente 897 barangays, e cada barangay teria um supervisor. A projeção de custos para este projeto é de cinco anos e totaliza 16.151.000 USD.

Custo estimado do programa de educação ambiental (EA)		
A área de estudo é Metro Manila. Todos os custos estão em USD.	**Estimativa Custo por ano***	**Projeção (5 Anos)**
Material informativo	$1,000	$5,000
Recursos Humanos	$3,229,200	$16.146.000
Total	$3,230,200	$16,151,000
*Supondo 897 Barangays na área metropolitana de Manila com um supervisor por barangay com um salário de 300 USD por mês		

Prova: 7.1: Custo estimado para a Educação Ambiental (EA) Programa
Fonte: Autores do capítulo

7.5.2 Custo do projeto n.º 2 - Programa de aplicação da segregação obrigatória e da gestão de resíduos

O quadro 7.2 apresenta o custo total estimado do projeto de aplicação da segregação obrigatória e da gestão de resíduos. A implementação deste projeto seria na cidade de Quezon e seria realizada ao longo de um período de 5 anos. O custo total da implementação do projeto seria de $2.044.800 USD por ano.

A cidade de Quezon foi escolhida como área-alvo para este projeto porque já tem um programa de segregação existente que, se fosse aplicado e regulamentado, poderia ser mais frutífero. Trabalhar com um programa existente revela-se eficiente em termos de custos na fase inicial, não só porque a estrutura já existe, mas também porque revela as vantagens e desvantagens do programa e, quando chega a altura de expandir para outros barangays, há lições aprendidas e os erros não se repetem.

"Cerca de 52% - mais de metade - do lixo da QC são resíduos orgânicos compostos por resíduos de cozinha (45%) e erva e madeira (7%). Se os barangays fossem habilitados a compostar estes resíduos, isso significaria um desvio automático de 52% dos resíduos que não iriam parar ao aterro sanitário - e o desperdício de milhões de dinheiro só para os levar até lá (Rananda, 2014)" A aplicação da segregação poderia garantir que os resíduos se tornassem um recurso, e não apenas um benefício económico e ambiental, mas também capacitaria a comunidade quando sincronizada com o Projeto de Agricultura Urbana. A aplicação da Segregação de Resíduos também estaria em conformidade com a lei, uma vez que esta exige que cada LGU desvie pelo menos 50% dos seus resíduos. Isso só poderia ser feito uma vez que os resíduos fossem segregados e usados para outros fins.

O objetivo, após a conclusão do projeto de aplicação na cidade de Quezon, seria implementar projectos semelhantes de segregação e gestão de resíduos nas outras barangays. O custo total de capital para a execução do projeto designado seria de 10 224 000 USD para o período de cinco anos.

A área de estudo é Quezon City. Todos os custos estão em USD.	Custo estimado por ano*	Projeção (5 anos)
Regulamentação e aplicação	$2,044,800	$10,224,000
Total	$2,044,800	$10,224,000
*142 barangays na cidade de Quezon; 3 agentes de execução por barangay com um salário mensal de 400 USD.		
*Uma Oferta de Polícia II em Quezon City ganha $320 USD por mês.		

Figura 7.2: Custo estimado da segregação obrigatória e dos resíduos Projeto de gestão
Fonte: Autores do capítulo com base em informações fornecidas em http://quezoncity.gov.ph

Figura 7.3: Camiões atualmente utilizados em Quezon City como parte da Programa de segregação.
Fonte: http://quezoncity.gov.ph

7.5.3 Custo do projeto n.º 3 - Projeto de agricultura urbana

A Figura 7.4 abaixo mostra o custo total estimado para o Projeto de Agricultura Urbana, que também se concentra em Quezon City. A razão para isso é que a cidade já tem projectos de agricultura urbana em alguns dos seus barangays. A agricultura urbana em Quezon City tem um grande potencial devido ao fato de que essa área já segrega o lixo, o que significa que o lixo orgânico pode ser levado diretamente para o local após a coleta, usando o atual sistema de transporte de lixo da cidade. Um foco inicial em Quezon City também seria rentável, e o esforço serviria como um modelo para futuros projetos de agricultura urbana em outras áreas. A implementação do projeto será realizada durante um período de 5 anos, com um custo total de US$ 25.000 por ano. O custo deste projeto foi calculado assumindo que os terrenos vagos podem ser usados com o consentimento do governo ou do proprietário privado e sem custos. O investimento total para este projeto durante todo o período de tempo previsto seria de $1.351.060 USD.

Estimativa dos custos do projeto de agricultura urbana		
A área de estudo é Quezon City. Todos os custos estão em USD.	**Custo estimado por ano***	**Projeção (5 Anos)**
Caixotes de reciclagem	$25,000	$125,000

Materiais de preparação de terrenos vagos	$142,000	$710,000
Recursos Humanos	$85,212	$426,060
Investigação e aperfeiçoamento	$18,000	$90,000
Total	$25,000	$1,351,060
*142 Barangays na cidade de Quezon.		
*O preço unitário de um contentor de reciclagem é de 15 USD.		
*142 Barangays em Quezon City; 3 agricultores urbanos por barangay com um salário de 200 dólares americanos por mês.		
*3 investigadores com um salário mensal de 500 USD.		

Figura 7.4: Custos estimados para o projeto agrícola
Fonte: Autores do capítulo com base em informações fornecidas em http://quezoncity.gov.ph

Figura 7.5: "Joy of Urban Farming", o projeto de demonstração lançado em 2010 pela vice-presidente da câmara Joy Belmonte
Fonte:http://www.rappler.com/move-ph/issues/hunger/68611-urban-farming- quezon-city

7.6 Plano de operação e manutenção

A fim de recuperar os custos de operação e manutenção, a execução deste projeto pode gerar um excedente de várias formas, como se segue:

> Lucro gerado pela venda do material acumulado a empresas de reciclagem; por outras palavras, os centros de retoma poderiam comprar materiais recicláveis, que seriam possíveis de vender uma vez que a segregação seria aplicada.

> Além disso, depois de os resíduos orgânicos terem sido utilizados no Projeto de Agricultura Urbana, o material restante pode ser vendido a outras quintas e projectos agrícolas.

> As culturas cultivadas no âmbito do Projeto de Agricultura Urbana podem também ser vendidas com lucro em mercados de agricultores ou a pequenas empresas locais.

- Poderão ser estabelecidas parcerias e/ou patrocínios com indústrias e empresas.

7.7 Fontes de fundos de capital

Para além dos lucros gerados pelos projectos, existem muitas fontes potenciais de fundos de capital que poderiam apoiar este sector. Considerando que a Lei de Gestão Ecológica de Resíduos Sólidos (RA 9003) já tem fundos atribuídos a projectos desta natureza, uma parceria ou uma operação única que cumpra os requisitos da lei seria uma opção privilegiada. Além disso, poderiam ser utilizados outros fundos governamentais através do Fundo de Desenvolvimento Municipal, que investiu mais de 24 milhões de dólares americanos entre 2001 e 2007 (Department of Environmental and Natural Resources Manila, 2000).

Para além dos lucros, dos patrocínios e/ou das parcerias, bem como da solicitação de financiamento governamental, o financiamento internacional é também uma opção. No passado, a Agência Japonesa de Cooperação Internacional (JICA), a Australian Aid, a USAID e o Banco Asiático de Desenvolvimento apoiaram projectos neste sector nas Filipinas.

7.8 Implementação

A fim de implementar os três projectos anteriormente mencionados como soluções para os problemas de esgotos e saneamento na área metropolitana de Manila, os projectos teriam início no segundo trimestre de 2016, permitindo assim um tempo adequado para o planeamento. Partindo do princípio de que a execução dos projectos começa dentro do calendário previsto, a data de conclusão seria em 2021, ou seja, dentro do prazo de 5 anos.

7.8.1 Projeto n.º 1

O projeto n.º 1, Educação Ambiental (EA), seria talvez o mais difícil de implementar, tendo em conta que se destina a abranger toda a NCR. Após o período de 5 anos do projeto, seria feita uma avaliação e seria tomada a decisão de prolongar o projeto ou iniciar uma segunda fase.

7.8.2 Projectos n.º 2 e n.º 3

Tanto o Projeto nº 2, Segregação Obrigatória, como o Projeto nº 3, Agricultura Urbana, seriam implementados na área de Quezon City. Considerando que a cidade já dispõe de projectos de segregação de resíduos, bem como de agricultura urbana, e que o primeiro projeto consiste na aplicação da segregação e o segundo na expansão da agricultura urbana, a implementação de ambos em tempo útil não deverá apresentar obstáculos intransponíveis.

7.9 Acções imediatas

A implementação de todos os projectos propostos neste sector deve começar em 2016, com uma fase inicial de estudos de viabilidade concluída durante o primeiro trimestre do ano. A execução dos projectos anteriormente descritos neste capítulo deve ser realizada de imediato, devido às actuais condições precárias na área metropolitana de Manila, com uma gestão inadequada dos esgotos e do saneamento que causa dificuldades ambientais e sanitárias significativas e persistentes.

CAPÍTULO 8

FINANÇAS

Fonte: http://www.cefisci.net/wp-content/uploads/2013/12/Ing Finances.jpg

Jen Bakes
Nicha Tantivess

8.1 Introdução às finanças nas Filipinas

8.1.1 Papel da equipa financeira

Para este plano, o papel da equipa financeira consistiu em pesquisar e examinar as fontes de financiamento estrangeiras e nacionais nas Filipinas e determinar o montante de financiamento potencialmente disponível para os projectos propostos na região metropolitana de Manila. Estas fontes incluem a ajuda externa, o investimento direto estrangeiro e o orçamento do Estado, composto pelas receitas fiscais e pelo Produto Interno Bruto (PIB). Cada sector (alívio da pobreza, transportes, indústria, esgotos e resíduos sólidos, energia e água) forneceu a sua lista de projectos prioritários e o montante de financiamento que os projectos exigiriam ao longo do período de 5 anos do plano ambiental para a área metropolitana de Manila. A equipa financeira examinou criticamente as três fontes de financiamento e compilou estimativas do dinheiro disponível para cada projeto.

8.1.2 O problema

Embora as Filipinas sejam atualmente uma das economias de crescimento mais rápido do Sudeste Asiático, continuam a enfrentar muitos obstáculos ao desenvolvimento e à erradicação dos problemas significativos da pobreza, dos esgotos, da governação corrupta, dos danos causados pelas catástrofes naturais, etc., tal como explicado exaustivamente por cada uma das equipas sectoriais anteriores. Na última década, registou-se um forte crescimento económico e o produto interno bruto continua a aumentar todos os anos. No entanto, o sector financeiro do país continua a vacilar, devido a uma "perceção de instabilidade acrescida, baixa confiança dos investidores e ineficiências decorrentes de impedimentos estruturais" (Banco Asiático de Desenvolvimento, 2015). Além disso, o desemprego e o subemprego continuam a ser questões importantes, bem como o emprego no estrangeiro e vulnerável, e o desempenho estagnado do sector industrial. Por conseguinte, no Plano de Desenvolvimento das Filipinas 2011 2016, os objectivos de desenvolvimento delineados incluem um elevado crescimento sustentado e inclusivo, um aumento das oportunidades profissionais e uma melhor qualidade de vida para os cidadãos, o desenvolvimento de transportes de classe mundial (tanto para pessoas como para mercadorias), uma utilização ecológica da terra, direitos de propriedade socialmente responsáveis e uma governação eficaz e transparente (NEDA, 2011). Claramente, os funcionários do governo da região metropolitana de Manila sabem quais são os seus problemas e estão a dar passos largos para os resolver. Assim, o Governo das Filipinas especificou determinados montantes do seu orçamento para cada uma destas prioridades. Os países doadores e os investidores estrangeiros também fornecem dinheiro para sectores específicos. Cada uma das fontes foi analisada a fim de estimar os fundos disponíveis para financiar programas e projectos destinados a melhorar estes problemas prioritários.

8.2 O processo

O processo que a equipa financeira seguiu para determinar o montante de financiamento disponível para cada sector é detalhado abaixo, dividido nas três fontes de financiamento mencionadas anteriormente: investimento direto estrangeiro, ajuda externa e orçamento do Estado.

8.2.1 Investimento

O investimento direto estrangeiro é considerado neste capítulo como o investimento direto de empresas privadas estrangeiras em empresas privadas nas Filipinas, geralmente para produzir produtos. No entanto, as empresas privadas também gerem frequentemente muitos dos serviços sociais e empresas de desenvolvimento do país em que estão a investir. Isto não é feito puramente para o bem do país, mas antes, estes investimentos têm como objetivo gerar lucro para os investidores. Tendo isto em consideração, a equipa financeira pesquisou os países e as empresas que mais investem nas Filipinas (como descrito mais adiante no capítulo).

8.2.2 Ajuda externa

A ajuda externa é a assistência oficial prestada aos países em desenvolvimento e em transição pelos governos dos países com rendimentos elevados. Esta ajuda assume diferentes formas, como a ajuda bilateral de países individuais, incluindo subvenções, que não têm de ser reembolsadas; empréstimos concessionais, que têm de ser reembolsados, mas a taxas de juro baixas e durante longos períodos de tempo. Inclui também o dinheiro dado pelos países desenvolvidos a instituições multilaterais, por exemplo, o Banco Mundial, as várias agências das Nações Unidas e os bancos de desenvolvimento regional, como o Banco Asiático de Desenvolvimento (BAD). Embora esta assistência seja bastante diferente do investimento direto estrangeiro, continua a destinar-se a beneficiar os países doadores. Como refere o Banco Mundial, "os países doadores são motivados pelo desejo de apoiar os seus aliados políticos e parceiros comerciais, de expandir os mercados para as suas exportações e de reduzir a pobreza e os conflitos militares que ameaçam a segurança internacional (Banco Mundial, 2004)". Para além disso, a maior parte desta assistência está "ligada", o que significa que o país que a recebe é obrigado a comprar bens e serviços ao país doador em troca. Com base nestes pressupostos relativos à ajuda externa, a equipa financeira identificou os principais doadores para as Filipinas e, por conseguinte, para Metro Manila. Estes são descritos abaixo na secção 8.3.3.

8.2.3 O orçamento do Estado

O orçamento do Estado é constituído pelas receitas fiscais e pelo Produto Interno Bruto (PIB). Assim, ao abordar o montante de fundos disponíveis a partir desta fonte, a equipa financeira analisou o relatório do orçamento proposto pelo Departamento de Orçamento e Gestão para 2016 para todas as Filipinas. A equipa verificou quanto dinheiro está disponível na totalidade, e depois dividiu-o em quanto está disponível para cada sector a partir do qual Metro Manila iria sacar. Mais uma vez, estes montantes serão detalhados em breve.

8.3 Análise das fontes de financiamento

8.3.1 Rendimento do Estado

Para analisar as receitas públicas de 2016 a 2020, a equipa de finanças analisou os dados do PIB e os registos das receitas fiscais para estimar as receitas públicas da NCR.

8.3.1.1 Produto Interno Bruto

O Produto Interno Bruto das Filipinas cresceu significativamente de 2010 a 2014, com o valor a aumentar de 199,59 mil milhões de dólares para 284,58 mil milhões de dólares. A equipa estimou o PIB de 2016 a 2020 (ver Figura 8.1) utilizando uma projeção linear da taxa de crescimento do PIB dos cinco anos anteriores, que foi de 7% ao ano.

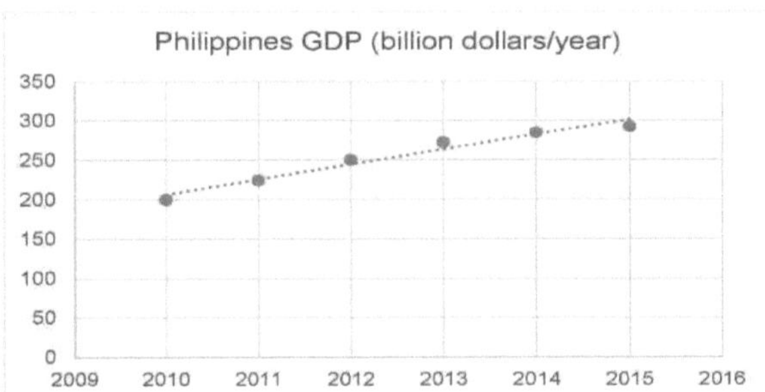

Figura 8.1: Produto Interno Bruto nas Filipinas
Fonte: Banco Mundial, 2015

Ano	PIB (mil milhões de USD/ano)
2016	321.39

2017	340.48
2018	359.57
2019	378.65
2020	397.74

Quadro 8.2: Estimativa do PIB das Filipinas de 2016 a 2020
Fonte: Autores do capítulo

8.3.1.2 : Receitas fiscais do governo

De acordo com os dados estatísticos do Bureau of Internal Revenue (BIR), 86,5% do total das receitas fiscais são cobradas na Região da Capital Nacional (NCR). As receitas aumentaram, em média, 12% por ano. Utilizando este aumento numa projeção linear, as receitas fiscais de 2016 a 2020, tanto para as Filipinas como para a Região Metropolitana de Manila, são estimadas nos Gráficos 8.4. e 8.5.

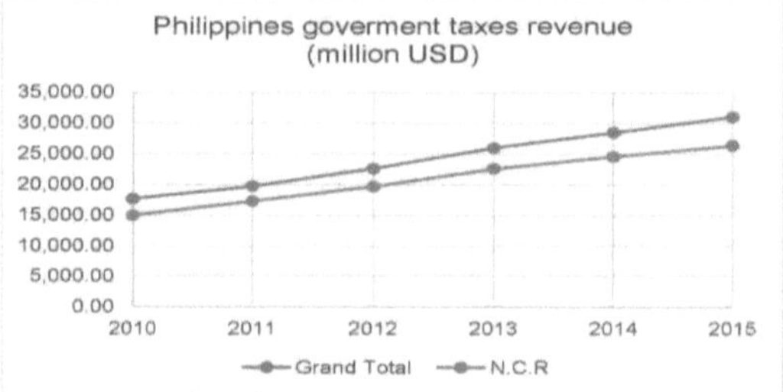

Quadro 8.3: Receitas fiscais do governo das Filipinas
Fonte: Gabinete das Receitas Internas, 2015

Área	2016	2017	2018	2019	2020
Filipinas	\$34,169.55	\$38,269.90	\$42,862.29	\$48,005.76	\$53,766.46
NCR.	\$29,556.66	\$33,103.46	\$37,075.88	\$41,524.99	\$46,507.98

Figura 8.4: Estimativa das receitas fiscais de 2016 a 2020 (milhões de USD)
Fonte: Autores do capítulo

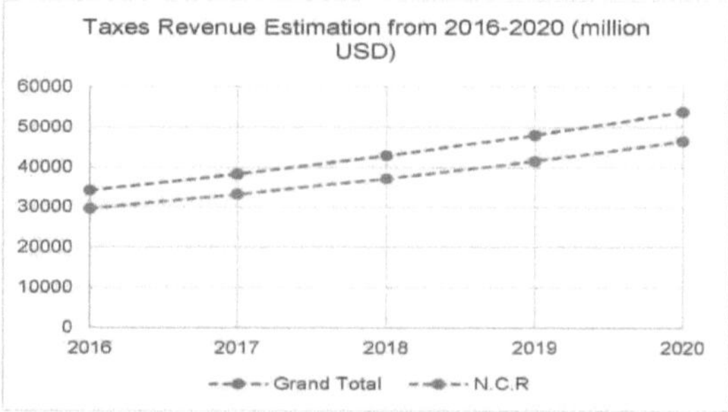

Figura 8.5: Estimativa de crescimento das receitas fiscais de 2016 a 2020
Fonte: Autores do capítulo

A partir da análise anterior, pode observar-se que o governo de Metro Manila recebe mais receitas todos os anos devido ao aumento do PIB e das receitas fiscais. Assume-se que a sua quota-parte no total nacional se mantém constante no valor histórico de 86,5%.

8.3.2 Orçamento do Estado

De acordo com o Departamento de Orçamento e Gestão (DBM), para 2016, o Governo das Filipinas terá um orçamento total de 64,04 mil milhões de dólares. O Governo gastará 36,8% do orçamento em serviços sociais, 27,6% em serviços económicos e 14,0% em encargos com a dívida. No entanto, o DBM estima que os pagamentos da dívida diminuirão mais a cada ano, pelo que haverá fundos adicionais disponíveis no orçamento para os serviços sociais e económicos (DBM, 2015) (ver Figura 8.6).

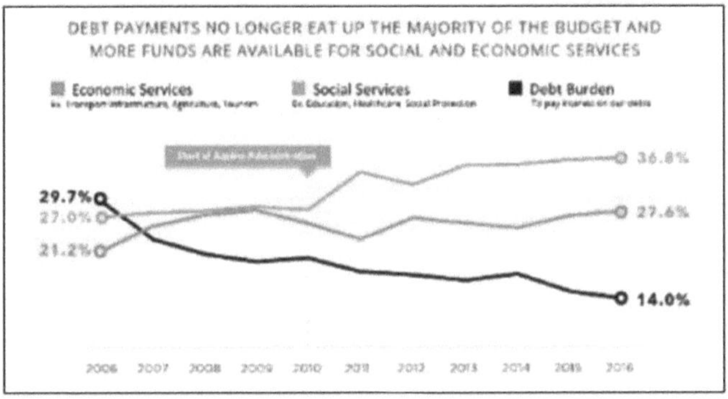

Quadro 8.6: Despesas orçamentais do Estado

Fonte: Departamento de Orçamento e Gestão, 2015

O orçamento está dividido em duas partes (ver Figura 8.7): os orçamentos dos departamentos, que são fornecidos a 34 agências governamentais (ver Figura 8.8), e o fundo para fins especiais (SPF), que é um orçamento adicional de outros recursos para fins específicos (ver Figura 8.9). A equipa financeira selecionou os departamentos relacionados com este plano ambiental para a área metropolitana de Manila e estimou um montante de apoio governamental para 2016 a 2020, que é apresentado no Quadro 8.10.

Tipo de orçamento	**Orçamento 2016**	**Percentagem**
Orçamentos dos serviços	$1,696,173,154	56.50%
Fundo para fins especiais (SPF)	$1,305,626,846	43.50 %
Total	**$3,001,800,000**	**100%**

Quadro 8.7: Orçamento do Estado (USD)
Fonte: Departamento de Orçamento e Gestão, 2015

Departamento	**Milhares de PHP**	**Milhões de USD**	**%**

Congresso das Filipinas	12,530,818	267	0.74%
Gabinete do Presidente	2,860,076	61	0.17%
Gabinete do Vice-Presidente	234,341	5	0.01%
Departamento de Reforma Agrária	10,386,022	222	0.61%
Ministério da Agricultura	48,377,772	1,032	2.85%
Departamento de Orçamento e Gestão	1,422,613	30	0.08%
Departamento de Educação	432,917,692	9,235	25.52%
Universidades e colégios estatais	46,013,772	982	2.71%
Departamento de Energia	1,846,375	39	0.11%
Departamento do Ambiente e Recursos naturais	23,270,376	496	1.37%
Departamento de Finanças	20,344,366	434	1.20%
Ministério dos Negócios Estrangeiros	20,637,522	440	1.22%
Ministério da Saúde	125,058,665	2,668	7.37%

Departamento do Interior e da Administração Local	125,322,579	2,673	7.39%
Departamento de Justiça	13,582,392	290	0.80%
Ministério do Trabalho e do Emprego	15,796,424	337	0.93%
Departamento de Defesa Nacional	116,055,347	2,476	6.84%
Departamento de Obras Públicas e Auto-estradas	391,166,733	8,344	23.06 %
Departamento de Ciência e Tecnologia	18,137,101	387	1.07%
Departamento de Assistência e Desenvolvimento Social	104,105,616	2,221	6.14%
Departamento de Turismo	3,613,141	77	0.21%
Ministério do Comércio e da Indústria	4,071,046	87	0.24%
Departamento de Transportes e Comunicações	45,071,274	961	2.66%
Autoridade Nacional para o Desenvolvimento Económico e Social	6,986,782	149	0.41%
Comunicações Presidenciais Gabinete de Operações	1,130,902	24	0.07%
Outros gabinetes executivos	20,833,758	444	1.23%

Região autónoma muçulmana Mindanau	29,412,953	627	1.73%
Conselhos legislativos e executivos mistos	2,883	0	0.00%
O poder judicial	26,675,171	569	1.57%
Comissão da Função Pública	1,317,005	28	0.08%
Comissão de Auditoria	9,134,560	195	0.54%
Comissão de Eleições	15,653,045	334	0.92%
Gabinete do Provedor de Justiça	1,775,506	38	0.10%
Comissão dos Direitos do Homem	428,526	9	0.03%
Total	**1,696,173,154 Milhares de PHP**	**36,181 Milhões de USD**	**100%**

Figura 8.8: Orçamentos dos departamentos para 2016 (USD)
Fonte: Departamento de Orçamento e Gestão, 2015

Fundo para fins especiais	**Orçamento (mil milhões de PHP)**		**Orçamento (mil milhões de USD)**	
	2015	**2016**	**2015**	**2016**
Apoio orçamental às empresas	90.33	153.62	1.93	3.28

Dotações para Unidades governamentais	423.33	485.15	9.03	10.35
Despesas fiscais	25.48	25.48	0.54	0.54
Serviço da dívida - Pagamento de juros	372.86	392.8	7.95	8.38
Risco de catástrofe nacional	14.00	38.9	0.30	0.83
Redução e gestão Fundo				
Fundo Contingente	2.00	4	0.04	0.09
Pessoal diverso Fundo de prestações	117.38	96.48	2.50	2.06
Fundo de Pensões e Gratuidade	126.67	109.2	2.70	2.33
Total	**1,172.05 Mil milhões de PHP**	**1,305.63 Mil milhões PHP**	**25.00 Mil milhões USD**	**27.85 Mil milhões de dólares**

Figura 8.9: Fundo para fins especiais (SPF)
Fonte: Departamento de Orçamento e Gestão, 2015

Departamento	**2016**	**2017**	**2018**	**2019**	**2020**
Departamento de Educação	7,988	8,148	8,311	8,477	8,646

Departamento de Energia	34	35	35	36	37
Departamento de Ambiente e Recursos naturais	429	438	447	456	465
Ministério da Saúde	2,308	2,354	2,401	2,449	2,498
Ministério do Interior e da Administração Local	2,312	2,359	2,406	2,454	2,503
Ministério do Trabalho e do Emprego	291	297	303	309	315
Departamento de Obras Públicas e Auto-estradas	7,218	7,362	7,509	7,659	7,813
Departamento de Ciência e Tecnologia	335	341	348	355	362
Departamento de Ciências Sociais Bem-estar e	1,921	1,959	1,998	2,038	2,079
Departamento de Turismo	67	68	69	71	72

Ministério do Comércio e da Indústria	75	77	78	80	81
Departamento de Transportes e comunicações	832	848	865	883	900
Total	**23,809 milhões de dólares**	**24,285 milhões de dólares**	**24,771 milhões de dólares**	**25,267 milhões de dólares**	**25,772 milhões de dólares**

Figura 8.10: Estimativa do orçamento de apoio governamental (milhões de USD)
Fonte: Departamento de Orçamento e Gestão, 2015

8.3.3 Ajuda externa

Atualmente, os países e as instituições multilaterais que mais financiam as Filipinas são o Japão, a China, o Banco Mundial, o Banco Asiático de Desenvolvimento, os Estados Unidos e a Coreia (Troilo, 2011). No entanto, é importante referir que existem determinados sectores em que estes países e instituições têm um interesse particular, devido sobretudo a preocupações com o desenvolvimento económico e com a manutenção da paz e da estabilidade na região.

Os 10 principais doadores de ajuda externa às Filipinas (2011)

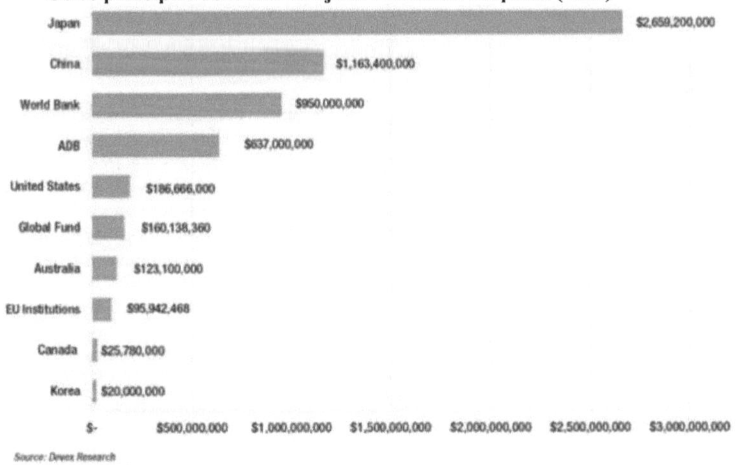

Quadro 8.11: Os principais doadores das Filipinas em 2011
Fonte: Troilo, 2011

Japão

O Japão, o país que mais contribui para as Filipinas, oferece ajuda externa sob as três formas: subvenções bilaterais, empréstimos bilaterais (empréstimos APD) e contribuições para organizações multilaterais. O Japão trabalha através da Agência de Cooperação Internacional do Japão (JICA), que concedeu um total de cerca de 2,66 mil milhões de dólares às Filipinas em 2011. Nesse ano, 535 milhões de dólares destinaram-se a planos de melhoria dos transportes, como o projeto de modernização e conservação de estradas. No entanto, ultimamente, com o elevado número de catástrofes naturais nas Filipinas, grande parte da ajuda da JICA está a ser canalizada para a assistência a catástrofes. Em 2012, a JICA ainda concedeu 432,52 milhões de dólares em empréstimos a juros baixos para o Projeto de Melhoria da Capacidade do Sistema de Transporte de Massa na Região Metropolitana de Manila (JICA, n. d.). Assim, a equipa financeira estima que, uma vez que a JICA está a dar um montante tão elevado e está particularmente interessada na melhoria dos transportes nas Filipinas, haveria mais do que suficiente para complementar o financiamento proveniente do investimento direto estrangeiro e do orçamento do governo para os projectos que a equipa de transportes está a propor. O montante estimado pela equipa de transportes para os seus projectos é de 430 milhões de dólares.

China

A China é também um dos principais doadores das Filipinas, embora tenha recentemente reduzido esse montante. Juntamente com o Japão, presta uma ajuda significativa para o alívio de catástrofes. Noutros países, as prioridades da China são a agricultura, a indústria e a educação. No entanto, no caso das Filipinas, está mais interessada em financiar projectos de melhoria dos transportes. Em 2011, estima-se que a China tenha distribuído 314 milhões de dólares para o projeto da linha ferroviária principal do sul, que ligaria a região metropolitana de Manila a outras zonas do sul de Luzon, e 630 milhões de dólares para o projeto da via rápida da região metropolitana de Manila (Dorell, 2013). Assim, embora atualmente não estejam a dar tanto como no passado (o montante total atual é desconhecido), os transportes continuam a ser claramente um sector em que têm interesse. Consequentemente, a equipa financeira estimou que a China continua a dar cerca de 300 milhões de dólares por ano em ajuda externa para os transportes.

Banco Mundial

Segundo um relatório recente de agosto de 2015, o Banco Mundial concede atualmente 2,8 mil milhões de dólares em ajuda externa às Filipinas. Um dos seus maiores projectos é o Programa Pantawid Pamilyang Pilipino, que visa reduzir a pobreza, aumentar o acesso à educação infantil e prestar cuidados de saúde às mães. O banco aumentou a sua ajuda de 50 milhões de dólares para 405 milhões de dólares em 2011. O Banco Mundial tem claramente interesse em financiar o sector da redução da pobreza, pelo que se pode estimar que haverá certamente financiamento suficiente para o programa VSLAs que a equipa de redução da pobreza está a propor. No entanto, há que reconhecer que grande parte deste financiamento se destina a projectos na ilha meridional de Mindanau e não em Luzon, onde se situa a região metropolitana de Manila. No entanto, a equipa financeira estima que ainda haveria pelo menos 100 milhões de dólares disponíveis para a redução da pobreza na região metropolitana de Manila (Banco Mundial, 2015). Além disso, em 2011, o Banco Mundial concedeu uma subvenção de 1,5 milhões de USD a Manila para o seu Plano Diretor de Controlo de Cheias, pelo que se pode presumir que o banco continua a apoiar a prevenção de cheias destrutivas, o que ajuda a equipa da água a financiar os seus projectos (Banco Mundial, 2011).

Banco Asiático de Desenvolvimento

Como as Filipinas são o país anfitrião, o Banco Asiático de Desenvolvimento (BAD) também lhe concede um montante significativo de ajuda externa: 11,70 mil milhões de dólares (Banco Asiático de Desenvolvimento, 2011). Embora o BAD tenha contribuído no passado para projectos de melhoria dos transportes (200 milhões de USD para investimentos em veículos eléctricos energeticamente eficientes na NCR em 2011) e continue a prestar assistência em caso de catástrofes, recentemente interessou-se pelo desenvolvimento de mercados de trabalho competitivos nas Filipinas. Aprovou recentemente a concessão de 350 milhões de dólares para este efeito. O projeto inclui um "programa de emprego para jovens, um programa para desenvolver competências e serviços na indústria do turismo e reformas da política laboral a longo prazo (Ibid.)". Por conseguinte, este montante, para além do financiamento concedido ao sector industrial pelo orçamento do governo e pelo investimento direto estrangeiro, é certamente suficiente para cobrir os custos dos projectos propostos. Além disso, foi recentemente proposto um empréstimo de 100 milhões de dólares às Filipinas para o projeto de desenvolvimento de água e saneamento na região metropolitana de Manila (Banco Asiático de Desenvolvimento, 2015). Assim, partindo do princípio de que esta proposta é aprovada, o sector da água dispõe de mais 100 milhões de USD para os seus projectos.

Os Estados Unidos

Os Estados Unidos contribuem para as Filipinas através da Agência dos Estados Unidos para o Desenvolvimento Internacional (USAID) e comprometeram-se a conceder 197 milhões de dólares em 2012. Os sectores prioritários de financiamento são a assistência em caso de catástrofe, a manutenção da paz e da segurança em Mindanau e a redução da pobreza. Em 2014, a USAID disponibilizou 13,7 milhões de USD para serviços sociais e educação (USAID, 2015). No entanto, é de supor que grande parte deste montante se destina a Mindanau. Por conseguinte, embora uma parte deste financiamento vá muito provavelmente para Metro Manila, a equipa financeira não pode determinar quanto.

Coreia

Sendo um importante parceiro comercial das Filipinas, a Coreia do Sul está agora também a prestar ajuda ao país. De um modo geral, as suas prioridades são a saúde, as infra-estruturas, o ambiente, a assistência em caso de catástrofe e os transportes. Para os próximos anos, a Coreia planeia continuar a aumentar este montante.

"Dado que o Governo coreano aderiu recentemente ao Comité de Ajuda ao Desenvolvimento da OCDE e continua a apoiar a realização dos Objectivos de Desenvolvimento do Milénio até 2015, a Coreia irá reforçar e aumentar significativamente os seus programas de cooperação em matéria de subvenções nas Filipinas (Jinoh, n. d.)." Recentemente, a Coreia propôs fornecer 100 milhões de dólares americanos através da sua agência de assistência ao desenvolvimento, KOICA, sob a forma de um empréstimo para o projeto de metropolitano de Manila Sul, que é útil para a equipa de transportes (Ibid.).

8.3.4 Investimento privado

O sector privado desempenha um papel importante no desenvolvimento económico das Filipinas. Muitos serviços públicos são geridos por empresas privadas. O governo encoraja fortemente o investimento estrangeiro, uma vez que cria mais oportunidades de emprego, tendo estabelecido uma zona de comércio livre e fornecendo serviços de infra-estruturas suficientes (Bangko Sentral ng Pilipinas, 2015). O país também tem muito potencial devido à sua localização (pois é considerado uma porta de entrada para a Ásia), trabalhadores que falam bem inglês e um governo democrático estável. Ao analisar a possibilidade de receber fundos do sector privado, a equipa financeira teve de identificar os investidores tanto nas Filipinas como em países estrangeiros. Ao examinar a lista de bancos de investimento, a equipa conseguiu reunir informações sobre os investidores estrangeiros nas Filipinas e dados estatísticos sobre o investimento na região metropolitana de Manila.

Bancos de investimento

De acordo com os dados do Bangko Sentral ng Pilipinas, ou Banco Central das Filipinas, existem onze bancos locais e catorze bancos estrangeiros nas Filipinas (ver Figura 8.14). Existe também um banco local, o "Metro Bank", que concede empréstimos a agências governamentais e a empresas de serviços públicos (ver Quadro 8.15) através do apoio do Banco de Desenvolvimento de Singapura e da Tokai Tokyo Financial Holding do Japão. Além disso, há também sete bancos estrangeiros que concedem empréstimos para projectos de desenvolvimento de grande escala (Bangko Sentral ng Pilipinas, 2013).

Banco	País
Allied Bank Corporation Banco de Oro Universal Bank Bank of the Philippine Islands China Banking Corporation	Banco local
Metropolitan Bank and Trust Company *	
Banco Nacional das Filipinas Banco Philtrust Rizal Commercial Banking Corporation Banco de Segurança Union Bank of the Philippines Banco United Coconut Planters	
Grupo bancário da Austrália e da Nova Zelândia *	Austrália
Banco de Bangkok	Tailândia

Bank of America, N.A.	EUA
Banco da China	China
Banco Comercial Chinatrust	Taiwan
Citibank	EUA
Deutsche Bank AG *	alemão
Cisjordânia	EUA
Hongkong e Shanghai Banking Corporation*	Hong Kong
Grupo ING*	Países Baixos
JPMorgan Chase*	EUA
Banco de Câmbio da Coreia	Coreia
Mega Banco Comercial Internacional	Taiwan
Mizuho Corporate Bank*	Japão
Standard Chartered Bank*	REINO UNIDO

O Banco de Tóquio-Mitsubishi UFJ, Ltd.	Japão

* Banco de investimento que concede empréstimos para projectos de investimento ou de desenvolvimento em grande escala

Quadro 8.12: Bancos nas Filipinas

Fonte: Bangko Sentral ng Pilipinas, 2013

Ofertas	Tipo de atividade	Empréstimo (USD)			
		2011	2012	2013	2014
República da Filipinas		11,465,827,738	11,465,827,738	3,199,658,703	2,994,713,045
MERALCO	Energia		63,993,174	394,624,573	
National Grid Corporation of the Philippines	Energia			629,266,212	447,952,218
Água de Manila	Água	213,310,580		106,655,290	
Aboitiz Power	Energia	106,655,290		511,945,392	213,310,580
PLDT	Comunicação		351,962,457	187,713,311	319,965,870
Xurpas	Comunicação				29,131,399
Megawide	Infra-estruturas			$50,652,645	85,324,232
JG Summit Holding, INC.	Energia, Água, Transportes, Imobiliário, Indústria, Finanças				639,931,741

Cooperação em matéria de investimento SM		106,655,290	319,965,870	132,252,560	319,965,870
SM Prime Holdings, Inc.	Retalho	106,655,290	159,982,935		426,621,160
Cosco Capital, Inc.	Energia, Imobiliário, Indústria, Finanças, Retalho			358,361,775	106,655,290
GT Capital Holdings, Inc.	Energia, Imobiliário, Indústria, Finanças		460,046,928	213,310,580	255,972,696
JG Summit Holdings, Inc.	Energia, Transportes, Imobiliário, Indústria, Finanças				639,931,741

Ofertas	Tipo de atividade	Empréstimo (USD)			
		2011	2012	2013	2014
Ayala Land, Inc.	Imobiliário	213,310,580	319,965,870	319,965,870	170,648,464
Ayala Empresa	Energia, Água, Infra-estruturas, Transportes, Imobiliário, Comunicação, Indústria, Finanças		426,621,160	213,310,580	287,969,283
Filinvest Desenvolvimento Empresa	Imobiliário		149,317,406	149,317,406	319,965,870
Century Pacific Food, Inc.	Indústria				67,363,481

Cirtek Holdings Philippines Corporation	Indústria		10,000,000	10,000,000	10,000,000
Manila Norte Portagens	Transporte				7,000,000,000

Quadro 8.13: Empréstimos concedidos pelo Metropolitan Bank (USD)
Fonte: Banco Metropolitano, 2015

Investimento estrangeiro

De acordo com a Autoridade Nacional para o Desenvolvimento e a Economia das Filipinas, existem seis grandes parceiros comerciais das Filipinas: Japão, China, EUA, Hong Kong, Singapura e Coreia (ver Quadros 8.16 e 8.17). Nas Filipinas, os investidores estrangeiros estão autorizados a deter 100% das suas empresas, exceto em algumas áreas de negócio que estão reservadas aos filipinos (ver Quadro 8.18) ou que permitem que os estrangeiros detenham apenas uma parte das empresas (NEDA, 2011).

País	Área de investimento
Japão	- Setor da indústria transformadora (automóveis, construção produtos e eletrónica) - Financeiro - Tecnologia espacial
China	- Sectores agrícola e industrial - Fábricas de etanol e de biodiesel - Indústria mineira - Instalações turísticas
EUA	- Setor da indústria transformadora (eletrónica e máquinas)
Hong Kong	- Setor da indústria transformadora (eletrónica e máquinas) - Financeiro - Imobiliário
Singapura	- Setor da indústria transformadora - Infra-estruturas e parceria público-privada (PPP) projectos - Alimentação e agroindústria - TI - Serviços de engenharia aeronáutica

Coreia	- Financeiro - Serviços de engenharia e construção - Eletrónica - Fabrico de produtos alimentares - Energia

Figura 8.14: Parceiros comerciais das Filipinas
Fonte: Autoridade Nacional de Desenvolvimento Económico, 2011

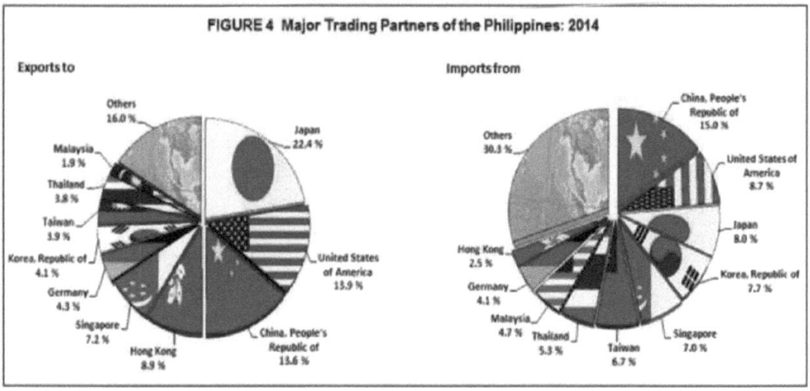

Figura 8.15: Importações e exportações das Filipinas 2014
Fonte: Autoridade Nacional de Desenvolvimento Económico, 2011

Reserva apenas para filipinos	**Permitir a participação minoritária de estrangeiros**	**Incentivar os investidores locais**
- Meios de comunicação social - Comércio retalhista ou comercial (capital realizado inferior a 2,5 milhões de dólares) - Cooperativas - Pequena escala mineração	- Instituições financeiras - Redes de comunicação - Recrutamento privado - Publicidade - Propriedade da terra - Serviços públicos	- Segurança e relacionado com a defesa - Saúde pública e de carácter moral

Quadro 8.16: Sectores de investimento estrangeiro restrito
Fonte: PWC, Filipinas, 2015

Investimento em Metro Manila

De toda a indústria nas Filipinas, 36% são propriedade de investidores estrangeiros, sendo o restante propriedade de investidores locais (ver Quadros 8.19 e 8.20). A indústria transformadora e os serviços energéticos são os sectores com o maior volume de investimento (ver Quadro 8.21).

Área	**2014**	**2015**	**2016**	**2017**	**2018**	**2019**	**2020**

Total	17,230	18,539	19,948	21,464	23,096	24,851	26,740
NCR	3,359	3,615	3,890	4,185	4,503	4,846	5,214
Propriedade de filipinos	2,150	2,313	2,489	2,678	2,882	3,101	3,337
Propriedade estrangeira	1,209	1,301	1,400	1,506	1,621	1,744	1,877

Figura 8.17: **Estimativa do investimento total 2016-2020** *(***milhões de USD***)*
Fonte: Autores do capítulo

Quadro 8.18: **Investidores locais e estrangeiros**
Fonte: Autores do capítulo

Indústria	%	2015		2016		2017	
		Filipino	Estrangeiro	Filipino	Estrangeiro	Filipino	Estrangeiro
Total	100 %	2,239.25	1,259.58	2,409.43	1,355.30	2,592.55	1,458.31
Fornecimento de eletricidade, gás, vapor e ar condicionado	23%	507.28	285.34	545.83	307.03	587.32	330.36
Actividades imobiliárias	17%	388.30	218.42	417.81	235.02	449.57	252.88

Fabrico	29%	659.30	370.86	709.41	399.04	763.32	429.37
Transporte e armazenamento	12%	272.20	153.11	292.88	164.75	315.14	177.27
Actividades de alojamento e restauração	6%	127.82	71.90	137.53	77.36	147.99	83.24
Actividades administrativas e dos serviços de apoio	3%	58.32	32.81	62.75	35.30	67.52	37.98
Informação e comunicação	4%	90.56	50.94	97.44	54.81	104.85	58.98
Abastecimento de água; saneamento, gestão de resíduos e actividades de remediação	1%	16.62	9.35	17.88	10.06	19.24	10.82
Outros	5%	118.86	66.86	127.89	71.94	137.61	77.40

Indústria	%	2018		2019		2020	
		Filipino	Estrangeiro	Filipino	Estrangeiro	Filipino	Estrangeiro
total	100%	2,789.58	1,569.14	3,001.59	1,688.39	3,229.71	1,816.71
Fornecimento de eletricidade, gás, vapor e ar condicionado	23%	631.95	355.47	679.98	382.49	731.66	411.56

Actividades imobiliárias	17%	483.73	272.10	520.50	292.78	560.05	315.03
Fabrico	29%	821.34	462.00	883.76	497.11	950.92	534.89
Transporte e armazenamento	12%	339.09	190.74	364.86	205.24	392.59	220.83
Actividades de alojamento e restauração	6%	159.23	89.57	171.34	96.38	184.36	103.70
Actividades administrativas e dos serviços de apoio	3%	72.65	40.87	78.18	43.97	84.12	47.32
Informação e comunicação	4%	112.82	63.46	121.39	68.28	130.62	73.47
Abastecimento de água; saneamento, gestão de resíduos e actividades de recuperação	1%	20.70	11.64	22.27	12.53	23.96	13.48
Outros	5%	148.07	83.29	159.32	89.62	171.43	96.43

Figura 8.19: Estimativa do investimento total por sector (milhões de USD)
Fonte: Autores do capítulo

8.4 Conclusão

A partir da análise acima, a equipa financeira conclui com um resumo final dos fundos separados nas três categorias discutidas, que são apresentadas nas tabelas seguintes (Anexos 8.22, 8.23 e 8.24). Claramente, há dinheiro suficiente no orçamento do governo, na ajuda externa e no investimento direto estrangeiro para financiar os programas e projectos sugeridos pelas sete equipas sectoriais para implementar o plano ambiental proposto para a área metropolitana de Manila.

Grupo	2016	2017	2018	2019	2020
Indústria	8.66	8.83	10.60	12.72	15.26
Energia	5.08	5.19	6.22	7.47	8.96
Transporte	93.05	94.92	96.81	98.75	100.72
Água	5.36	5.46	5.57	5.68	5.80
Esgotos e saneamento	6.72	6.86	6.99	7.13	7.28
Alívio da pobreza	6.36	6.49	6.62	6.75	6.89

Figura 8.20: Resumo do orçamento do governo (milhões de USD)
Fonte: Autores do capítulo

Doadores	Montante	Setor
Japão	430 milhões de dólares	Transporte
China	300 milhões de dólares	Transporte
Banco Mundial	100 milhões de dólares 1,5 milhões de dólares	Alívio da pobreza Água
BAD	350 milhões de dólares 100 milhões de dólares 100 milhões de dólares	Indústria Transportes Água
Estados Unidos	Um total de 197 milhões de dólares americanos para as Filipinas, desconhecendo-se o montante exato para a região metropolitana de Manila	Pobreza Alívio
Coreia	35 milhões de dólares	Transporte

Quadro 8.21: Estimativa da ajuda externa total (USD)
Fonte: Autores do capítulo

Grupo	Investidor local	Investidor estrangeiro

Indústria	- Megawide - JG Summit Holding, INC. - SM PrimeHoldings, Inc. - Cosco Capital, Inc. - GT Capital Holdings, Inc. - JG Summit Holdings, Inc. - Corporação Ayala - Cirtek HoldingsFilipinas Empresa	- Japão - China - EUA - Hong Kong - Singapura - Coreia
Energia	- Meralco - National Grid Corporation das Filipinas - Aboitiz Power - Cosco Capital, Inc. - GT Capital Holdings, Inc. - JG Summit Holdings, Inc. - Corporação Ayala	- China - Coreia
Transporte	- Megawide - JG Summit Holding, INC. - JG Summit Holdings, Inc. - Corporação Ayala - Auto-estradas de Manila Norte	- Japão - Singapura
Água	- Água de Manila - JG Summit Holding, INC. - Corporação Ayala	- Japão - Singapura - Coreia
Esgotos e saneamento	- Megawide - Corporação Ayala	- Singapura
Alívio da pobreza	- Corporação Ayala - PLDT - Xurpas	-

Quadro 8.22: Investidores em projectos
Fonte: Autores do capítulo

CONCLUSÃO

Fonte: http://www. Interaksyon.com

David J. Edelman

Observações finais

A intenção deste projeto era trazer o pensamento e a prática contemporâneos da Gestão Ambiental Urbana para a solução de problemas reais numa grande cidade de um país em desenvolvimento do Sudeste Asiático. O exercício consistiu, portanto, em reproduzir, tanto quanto possível, as condições em que uma equipa de consultores expatriados operaria neste contexto, para que pudessem desenvolver soluções que se ajustassem às circunstâncias que provavelmente encontrariam como planeadores profissionais a trabalhar em projectos deste tipo para bancos internacionais de desenvolvimento (por exemplo, o Banco Mundial, o Banco Asiático de Desenvolvimento, o Banco Interamericano de Desenvolvimento ou o Banco Africano de Desenvolvimento), doadores multilaterais no sistema das Nações Unidas, como o Programa das Nações Unidas para o Desenvolvimento, ou os numerosos doadores bilaterais dos países desenvolvidos, que são conhecidos principalmente pela sopa de letras das suas iniciais. Os principais países doadores são os Estados Unidos, o Japão, o Canadá, a Austrália, o Reino Unido, a Alemanha, a França, os Países Baixos, a Suíça, a Suécia, a Dinamarca, a Noruega, a Finlândia, a Itália, a Bélgica e a Espanha. As empresas de consultoria que operam internacionalmente em projectos financiados por estas instituições e países provêm não só dos países doadores mencionados, mas também, cada vez mais, de países como o Brasil e a Índia, e as equipas de peritos que fornecem provêm frequentemente de vários dos países mencionados (Edelman, 2014).

Neste ambiente de trabalho, foi instrutivo para os estudantes formularem um plano de 5 anos de soluções para os problemas e questões ambientais que enfrentavam, em vez de lhes ser dito como os resolver. Isto expandiu as suas capacidades analíticas e ensinou-os a utilizar os conhecimentos e recursos limitados disponíveis para encontrar soluções implementáveis em benefício da população da região metropolitana de Manila. Aprenderam que essas competências são transferíveis para outros projectos e passaram a apreciar melhor o conjunto de competências que estão a desenvolver como planeadores. Trazer a realidade do desenvolvimento para a sala de aula e pedir aos alunos que a confrontem dá-lhes uma apreciação da prática profissional que o estudo da teoria por si só não dá. Assim, este projeto tentou não só expandir a formação dos estudantes de pós-graduação em planeamento, mas também dar um contributo significativo para a pedagogia do planeamento (Edelman, 2015).

Bibliografia

Anaafo, David. (2014). A Abordagem de Capacidade de Sen: Uma Ferramenta Analítica para a Análise da Pobreza em Ambientes de Reforma Agrária. *Journal of Land and Rural Studies*, 2(1), 1-19.

Antonio, H. (2014). *A History of the Philippine Power Setor* (Vol. The Energy Report - Philippines, pp. 10-14): KPMG Global Energy Institute.

Argo, Teti, Laquian, Aprodicio A. (7 de julho de 2011). *Privatização de serviços de água e seus efeitos sobre os pobres urbanos em Jacarta Raya e Metro Manila*. Obtido de https://www.wilsoncenter.org/publication/privatization-water- utilitários-e-os-efeitos-sobre-os-pobres-urbanos-de-jakarta-raia-e-metro

Banco Asiático de Desenvolvimento. (2014a). *Avaliação urbana nacional do Banco Asiático de Desenvolvimento*. Obtido de https://openaccess.adb.org/bitstream/handle/11540/754/philip pines-national-urban-assessment.pdf?sequence=1

Banco Asiático de Desenvolvimento. (2014b). *Segredos da torneira: A história da água de Manila*. Recuperado do Banco Asiático de Desenvolvimento: http://www.adb.org/publications/tap-secrets-manila-water- story

Banco Asiático de Desenvolvimento (ADB). (2013). *Philippines: Avaliação, estratégia e roteiro do sector de abastecimento de água e saneamento*, 1-37.

Banco Asiático de Desenvolvimento. (2012). *Filipinas: Avaliação, estratégia e roteiro do sector dos transportes*.

Bernardo, E.C. (2008). Solid-Waste Management Practices of Households in Manila, Philippines [Práticas de Gestão de Resíduos Sólidos de Agregados Familiares em Manila, Filipinas]. *Annals of the New York Academy of Sciences*, 420-424. doi:10.1196annals.

Buco, B., & Benjamin V. Buco Jr. (2009). Manila Traffic Found Costing Economy $2 Billion each Year [O trânsito de Manila custa à economia 2 mil milhões de dólares por ano]. *Business World* (San Juan, Filipinas).

Buentjen, C. (2011). *Relatório de parceria nacional das Filipinas 2011-2016 para o Banco Asiático de Desenvolvimento*. Obtido de http://www.adb.org/sites/default/files/institutional- document/33024/files/cps-phi-2011-2016.pdf

Demographia (janeiro de 2015). *Demographia World Urban Areas* (http://www.demographia.com/db-worldua.pdf) (PDF) (11th ed.). Recuperado em 20 de agosto de 2015.

Edelman, David (Ed.). *Managing the Urban Environment - Lagos, Nigeria*. Saarbrücken: LAP LAMBERT Academic Publishing, fevereiro de 2015.

Edelman, David (Ed.). *Managing the Urban Environment - Mysore, India*. Saarbrücken: LAP LAMBERT Academic Publishing, janeiro de 2014.

Elloso, R. (17 de outubro de 2013). O problema perene do lixo. *Boletim de Manila*. Recuperado de http://www.mb.com.ph/the-perennial problem-of-garbage/

Ambiente e catástrofes naturais. (n. d.). Obtido em 4 de dezembro de 2015, de http://www.investphilippines.info/arangkada/climate/environme nt-and-natural-disasters/

Espiritu, Roel. (2011). *Distrito de água de Maynilad, Filipinas*. Recuperado em 1 de dezembro de 2015 de http://www.un.org/waterforlifedecade/green economia 2011/p df

Flor, Javier D. S. *Philippine Transportation Statistics*. (n. d.).Centro Nacional de Estudos de Transportes. Recuperado de: http://www.kokudokeikaku.go.jp/wat2/22 philippines.pdf

Boletim de Manila. (24 de novembro de 2015). As Filipinas estão prontas para ser a "Capital Mundial do BPO" - *CBRE*. Recuperado em 26 de novembro de 2015 de: http://www.mb.com.ph/philippines- poised-to-be-bpo-capital-of-the-world-cbre/

Maynilad Water Services Inc. (23 de abril de 2010). Comunicados de imprensa. Recuperado de Maynilad Water: http://www. mayniladwater.com. ph/news-article. php?id=102

Oxford Business Group. *A economia das Filipinas está a abrandar mas mantém-se estável*, 2015

Autoridade Nacional de Desenvolvimento Económico (NEDA). *Plano de desenvolvimento das Filipinas 2011-2016*. (2011) Obtido em 6 de outubro de 2015, de http://www.neda.gov.ph/2013/10/21/philippine- development-plan-2011-2016/

Philippines Sanitation Sourcebook, 2004

Robles, A. C. (14 de abril de 2012). A agonia dos passageiros do Metro Manila. *GMA News Online*

Romualdez, B. G. (15 de novembro de 2015). Perspectivas brilhantes para a indústria de BPO. Recuperado em 17 de novembro de 2015 do *The Philippine Star:* http://www.philstar.com/business/2015/02/10/1421942/bright-prospects-bpo-industry

Steele, G., Avila, J., Miller, D., & Britan, G. (2014). Ending Extreme Poverty in the Philippines through Urban-Led Growth, em *USAID Frontiers of Development, End Extreme Poverty*. Editado por Rajiv Shah e Noam Unger. Agência para o Desenvolvimento Internacional, pp. 82-87. U.S. Retrieved f19 November 2015 rom https://www.usaid.gov/sites/default/files/documents/1870/USA ID Frontiers in Development 2014.pdf

Storey, D. (2012). Manila, Filipinas. Em C. Zimring, & W. Rathje (Eds.), *Encyclopedia ofConsumption and Waste:*

A ciência social do lixo. (pp. 499-502). Thousand Oaks, CA: SAGE Publications, Inc. doi: http://dx.doi.org/10.4135/9781452218526.n194
O Projeto Borgen. (11 de julho de 2013). *Últimas estatísticas sobre a pobreza nas Filipinas*. Recuperado de: http://borgenproiect.org/latest-statistics-on-philippine-poverty/
The Manila Times, 2014
The Philippine Star. (18 de março de 2004). Cinco rios metropolitanos declarados mortos Recuperado em 8 de dezembro de 2015, de: http://www.philstar.com/metro/242967/five-metro-rivers- declarado-'morto'
Programa das Nações Unidas para o Desenvolvimento (PNUD). (2006). *Para além da escassez: Power, Poverty, and the Global Water Crisis (Poder, Pobreza e a Crise Mundial da Água). Relatório de Desenvolvimento Humano 2006*. Hoechestetter Printing Co.
Parceria para o Ambiente Aquático na Ásia, n. d
Banco Asiático de Desenvolvimento. (2011). *Indicadores-chave 2011: World Urbanization Prospects. Manila*. Recuperado em 15 de novembro de 2015 de: http://www.un.org/en/development/desa/population/publication s/pdf/urbanization/WUP2011 Report.pdf
Aliança das Cidades (2007). *Liveable Cities: The Benefits of Urban Environmental Planning: a Cities Alliance Study on Good Practices and Useful Tools (Os benefícios do planeamento ambiental urbano: um estudo da Aliança das Cidades sobre boas práticas e ferramentas úteis). Aliança das Cidades*. Recuperado em 14 de novembro de 2015 de: http://www.unep.org/urban environment/pdfs/liveableCities.pd f
Desai, P. e Riddlestone, S. (2002). *Bioregional Solutions for Living on One Planet*. Green Books Ltd para a Schumacher Society, Bristol
Girardet, H. (1999). *Creating Sustainable Cities*. Totnes, Devon: Green Books for the Schumacher Society.
http://www.globalsecurity.org/military/world/philippines/images /map-regions-2.jpg
https://commons.wikimedia.org/wiki/File:Districts do Metro M anila.svg
Naik Singru, R. e Lindfield, M. (2014). *Avaliação Urbana Nacional da República das Filipinas*. Cidade de Mandaluyong: Banco Asiático de Desenvolvimento. Obtido em 20 de novembro de 2015 em: https://openaccess.adb.org/bitstream/handle/11540/754/philip pines-national-urban-assessment.pdf?sequence=1
Philippine Statistical Authority (2013). *A população da cidade de Manila subiu para 1,7 milhão, resultados do Censo de População e Habitação de 2010*. Sexta-feira, 26 de julho de 2013. Recuperado em 12 de novembro de 2015 de: https://psa.gov. ph/content/population- city-manila-climbed-17-million-results-2010-census-population-and-housing
Comissão Real sobre a Poluição Ambiental (2007). *O Ambiente Urbano. Vigésimo sexto relatório apresentado ao Parlamento por ordem de Sua Majestade*. Obtido em 18 de novembro de 2015 em: https://www.gov.uk/government/uploads/system/uploads/attac hment data/file/228911/7009.pdf
Satterthwaite, D. (2003). The Links between Poverty and the Environment in Urban Areas of Africa, Asia, and Latin America [As ligações entre a pobreza e o ambiente em áreas urbanas de África, Ásia e América Latina]. *Annals of the American Academy of Political and Social Science*, 590(1), 73-92. Doi: 10.1177/0002716203257095
Shawa, R., Takeuchi, Y., Glenn, F., Walde, X. A., e Caro, R. A. (2010). *Perfil da cidade de Metro Manila. Clima e Resiliência a Desastres*. Associação dos Oficiais de Planeamento e Desenvolvimento de Metro Manila Inc. Obtido em 27 de outubro de 2015 em: http://www.preventionweb.net/files/16576 16576metromanilacityprofile1.pdf
Shimomura, T. & Matsumoto, T. (2010). "Políticas para melhorar o ambiente físico urbano para a competitividade: Uma nova parceria entre os sectores público e privado". *OCDE Documentos de trabalho sobre desenvolvimento regional, 2010/1*. Obtido em 28 de outubro de 2015, de: http://www.oecd.org/regional/regional- policy/44775087.pdf
Steele, G., Avila, J., Miller, D., & Britan, G. (2014). "Ending Extreme Poverty in the Philippines through Urban-Led Growth", em *USAID Frontiers of Development, End Extreme Poverty*. Editado por Rajiv Shah e Noam Unger. Agência para o Desenvolvimento Internacional, pp. 82-87. U.S. Retrieved 1 November 2015 from: https://www.usaid.gov/sites/default/files/documents/1870/USA ID Frontiers in Development 2014.pdf
Departamento de Assuntos Económicos e Sociais das Nações Unidas (2015). *Transformar o nosso mundo: a Agenda 2030 para o Desenvolvimento Sustentável*. Obtido em 3 de novembro de 2015 em: https://sustainabledevelopment.un.org/post2015/transforming ourworld
Assembleia Geral das Nações Unidas (2013). *Sexagésima sétima sessão da ordem do dia, ponto 20 (a). Desenvolvimento sustentável: Implementação da Agenda 21, do Programa para a prossecução da implementação da Agenda 21 e dos resultados da Cimeira Mundial sobre Desenvolvimento Sustentável e da Conferência das Nações Unidas sobre Desenvolvimento Sustentável*. A/67/L.48/rev.1. Obtido em 7 de novembro de 2015 em: http://www.un.org/ga/search/view doc.asp?symbol=A/67/L.48 /Rev.1&Lang=E
Assembleia Geral das Nações Unidas (2014). *Relatório do Grupo de Trabalho Aberto sobre os Objectivos de Desenvolvimento Sustentável*. A/68/970. Recuperado em 26 de outubro de 2015 de: http://www.un.org/ga/search/view doc.asp?symbol=A/68/970 &Lang=E

Nações Unidas, Departamento de Assuntos Económicos e Sociais, Divisão da População (2008). *World Urbanization Prospects: The 2007 Revision*. Nova Iorque; UN-Habitat, Urban Info 2008. Recuperado em 8 de novembro de 2015 de:
http://www.un.org/esa/population/publications/wup2007/2007 WUP Highlights web.pdf

Fundo das Nações Unidas para a População (2007). *State of World Population 2007. Unleashing the Potential of Urban Growth.* Nova Iorque: Fundo de População das Nações Unidas. Recuperado em 6 de novembro de 2015 de:
https://www.unfpa.org/sites/default/files/pub- pdf/695 filename sowp2007 eng.pdf

Webber, M. M. (1973). Dilemmas in a General Theory of Planning, *Policy Sciences*, 4(2), 155-169. Doi:10.1007/BF01405730

A Mudança Vem De Dentro. (2015). Recuperado de http://programavivenda.com.br/#main header

Anaafo, David. (2014). A Abordagem de Capacidade de Sen: Uma Ferramenta Analítica para a Análise da Pobreza em Ambientes de Reforma Agrária. *Journal of Land and Rural Studies*, 2(1), 1-19.

Uma lei que prevê uma Carta Magna para os trabalhadores da economia informal, institucionalizando mecanismos para sua implementação e para outros fins, H. No. 1955, 14ª Cong. (2013). Obtido da base de dados do Congresso das Filipinas:
http://www.congress.gov.ph/download/14th/hb01955.pdf

Uma lei que prevê a segurança e a proteção dos vendedores no local de trabalho e para outros fins, H. No. 968, 15º Cong. (2012). Obtido da base de dados do Congresso das Filipinas:
http://www.congress.gov.ph/download/basic 15/HB00968.pdf

Banco Asiático de Desenvolvimento. (2001). *Metro Manila Urban Services for the Poor Technical Report.* Manila: M. Westfall, R. Ondrik, e E. Araneta.

Rede Aspen de Empresários para o Desenvolvimento. (2014). *Habitação na Base da Pirâmide no Brasil: Desafios e Oportunidades*. Recuperado de
http://www.businesscalltoaction.org/wp-content/uploads/2014/05/BrazilHousingReportFinal.pdf

Bonnin, Christine L. (2004). *Windows to the Market; Exploring Women's Strategies and Supports as Home-Based Traders in Metro Manila* (Dissertação de mestrado não publicada). Universidade de Dalhousie, Halifax, Canadá.

Buentjen, C. (2011). *Relatório de parceria nacional das Filipinas 2011-2016 para o Banco Asiático de Desenvolvimento*. Recuperado em 15 de outubro de 2015 de:
http://www.adb.org/sites/default/files/institutional- document/33021/files/cps-phi-2011-2016.pdf

Casanova-Dorotan, Florencia G. (2010). *Análise do orçamento da economia informal nas Filipinas e na cidade de Quezon*. Recuperado em 22 de outubro de 2015 de
http://wiego.org/sites/wiego.org/files/publications/files/Casano va-Dorotan WIEGO WP12.pdf

CIA. *World Factbook*. (2015). Recuperado em 18 de setembro de 2015 de
https://www.cia.gov/library/publications/the-world- factbook/fields/2212.html

E. Ofreneo, Rene. (2015, 24 de maio). Reequilibrando uma sociedade de 'um terço'. *Philippine Daily Inquirer*. Recuperado em 15 de setembro de 2015 de: http://opinion.inquirer.net/85165/rebalancing-a- one-third-society

Frianeza, M. P. (2012). Mulheres no sector informal nas Filipinas. *Revista de Estudos da Mulher*, 13(2).

Comité Internacional de Resgate. (2012). *Guia do Facilitador: Associação de Poupança e Empréstimo na Aldeia (VSLA)*. Nova Iorque.

Fundação Grameen. (2013). Construindo modelos de negócios sustentáveis para fornecer serviços financeiros aos pobres. Obtido em 7 de novembro de 2015, de http://www.grameenfoundation.org/resource/building-sustainable-businessmodels-providing-financial-services-poor

Diretrizes para a implementação do programa Worktrep do DOLE, Ordem do Departamento n.º 81-07. (2007). Recuperado em 18 de novembro de 2015 de:
http://www. dole.gov.ph/fndr/bong/files/DO%2081 -07.pdf

Hendricks, Lauren & Sybil Chidiac (2011, novembro). *Village Savings and Loans: A Pathway to Financial Inclusion for Africa's Poorest Households*. Documento de trabalho encomendado apresentado na reunião da Cimeira Mundial do Microcrédito de 2011, Valladolid, Espanha.

Illy, Hans F. (1986). Regulation and Evasion: Street-Vendors in Manila. *Policy Sciences*, 19, 61-81.

Jay Plogman Photography http://www.jayplogman.com, 2007

Kuiper, Marja, & Kees van der Ree. (2006). Growing Out of Poverty: Urban Job Creation and the Millennium Development Goals. *Revista Global Urban Development*, 2 (1). Recuperado em 8 de outubro de 2015 de:
http://www.globalurban.org/GUDMag06Vol2Iss1/Kuiper%20& %20van%20der%20Ree.htm

Conselho de Microfinanças das Filipinas - Missão e Visão. (2015). Obtido em 15 de novembro de 2015 em http://www.microfinancecouncil.org/mission-vision

Nakamura, Shohei. (2009). *Spatial Analysis of Urban Poverty in Manila, Philippines (Análise espacial da pobreza urbana em Manila, Filipinas*). (Projeto não publicado). Universidade de Cornell, Ithaca, Nova Iorque.

Nye, John V.C. (2011). Taking Institutions Seriously; Rethinking the Political Economy of Development in the Philippines [Levando as Instituições a Sério; Repensando a Economia Política do Desenvolvimento nas Filipinas]. *Asian Development Review,* 28(1). Obtido em 3 de dezembro de 2015 de

http://www.adb.org/sites/default/files/publication/28864/adr- vol28-1.pdf
OCDE. (2015). *Critérios do CAD para avaliar a ajuda ao desenvolvimento*. Obtido em 29 de novembro de 2015 de
http://www.oecd.org/dac/evaluation/daccriteriaforevaluatingde velopmentassistance.htm
Ofreneo, Rosalinda Pineda. (2013, 11 de março). *Iniciativas de economia solidária desde o início: o que podemos aprender com as trabalhadoras domiciliares do sudeste asiático?* Recuperado em 27 de setembro de 2015 de
http://www.unrisd.org/unrisd/website/newsview.nsf/(httpNews)
/3E2FF25D08083E69C1257B2B00599FFA?OpenDocument
PATAMABA. *Rede Nacional de Trabalhadores Informais - Quem somos.* (2012). Recuperado em 15 de novembro de 2015 de: http://www.homenetseasia.org/philippines/about intro.html
Autoridade Nacional de Desenvolvimento Económico (NEDA). *Plano de Desenvolvimento das Filipinas 2011-2016.* (2011). Obtido em 1 de dezembro de 2015 em: http://www.neda.gov.ph/2013/10/21/philippine-development-plan-2011-2016/
Salários e rendimentos médios nas Filipinas. (2008). Recuperado em 1 de dezembro de 2015 de:
http://www.worldsalaries.org/philippines.shtml
Oleiros pela Paz. (2015). Recuperado em 3 de dezembro de 2015 de: http://pottersforpeace.com/?page id=8
Programa Vivenda. (2015). Recuperado em 18 de setembro de 2015 de: http://programavivenda.com.br/#main header
Ragragio, Junio M. (2003). *Understanding Slums: Case Studies for the Global Report 2003*, Manila, Filipinas.
http://www.ucl.ac.uk/dpu-projects/Global Report/cities/manila.htm
Rocha, Rebeca. (205). Habitação para a Base da Pirâmide no Brasil: Um futuro sem favelas. *The Guardian*. Recuperado em 14 de outubro de 2015, de: http://www.theguardian.com/sustainable- business/housing-base-pyramid-brazil-future-without-slums
Romero, Purple. (2015). *Manila, Filipinas*. Recuperado em 27 de setembro de 2015 de:
https://nextcity.org/informalcity/city/manila
Samper, Jota, Catalina Ortiz & Javier Soto. (2015, 17 de agosto). *Repensando a informalidade: Estratégias de CoProdução do Espaço Urbano*. Recuperado em 11 de outubro de 2015 de:
http://informalsettlements.blogspot.com/2015/08/rethinking- informality-strategies-of 17.html
Selvanayagam, Ruban. (6 de novembro de 2012). *Habitação BoP na região metropolitana de Manila - Desafios e potencialidades.* Recuperado em 11 de outubro de 2015 de:
http://www.habitationfortheplanet.org/blog/2012/11/bottom-of- a-pirâmide-habitação-na-metrópole-manilha-desafios-e-potenciais/
Análise espacial da pobreza urbana em Manila, Filipinas, 2009
Spencer, J. (2010). *Health and the Urban Transition (Saúde e transição urbana): Effects of Household Perceptions, Illness, and Environmental Pollution on Clean Water Investment. Documento de Trabalho UNU-WIDER n.º 2010/66*. Obtido em 4 de dezembro de 2015 em: http://www.wider.unu.edu/publications/working-papers/2010/en GB/wp2010-66/
Sticzay, Nora e Larissa Koch. (2015). *Slum Upgrading*. Retrieved 17 October 2015 from:
https://sustainabledevelopment.un.org/content/documents/575 4Slum%20Upgrading.pdf
Tan, Edita Abdella. (16 de agosto de 2015). *Resolvendo o problema da favela*. Recuperado em 2 de novembro de 2015 de: http://opinion.inquirer.net/87655/solving-the-slum-problem
O Projeto Borgen. (11 de julho de 2013). *Últimas estatísticas sobre a pobreza nas Filipinas*. Recuperado em 3 de novembro de 2015 de http://borgenproject.org/latest-statistics-on-philippine-poverty/
Banco Mundial. (2008). *Poverty and the Environment: Understanding Linkages at the Household Level*. Washington, D.C.: Banco Mundial.
Relatório anual do Banco do Trabalho. (2011). Obtido em 15 de outubro de 2015, de:
http://web.worldbank.org/WBSITE/EXTERNAL/EXTABOUTU
S/EXTANNREP/EXTANNREP2011/0,,contentMDK:22969490
~menuPK:8121330~pagePK:64168427~piPK:64168435~theS itePK:8070617,00.html
ONU-Habitat. (2015). Obtido em 5 de novembro de 2015 de: http://unhabitat.org/
Programa das Nações Unidas para os Assentamentos Humanos. (2003). *O desafio dos bairros de lata: Report on Human Settlements*. Londres e Sterling, VA: UN-Habitat.
Programa de Gestão Urbana do Banco Mundial. (1997). *Household Responses to Poverty and Vulnerability (Volume 4).* Washington, DC: Caroline Moser e Cathy McIlwaine.
Portal da USAID sobre a posse da terra e os direitos de propriedade. (2014).
USAID. Recuperado em 14 de novembro de 2015 de:
http://www.usaidlandtenure.net/project/mobile-application- secure-tenure-tanzania
VSL Associates. *Alcançando os pobres: a necessidade de um novo modelo de microfinanças*. (2015).
Recuperado em 1 de dezembro de 2015 de: http://www.vsla.net/
VSL Associates. (2007). *Guia do Programa da Associação de Poupança e Empréstimo da Aldeia (VSLAs) e Manual de Operações no Terreno (Versão 3.1)*. Hugh Allen e Mark Staehle.

ABS.CBN News. (11 de março de 2015). *Como as Filipinas podem Inverter a "fuga de cérebros"*. Recuperado em 11 de outubro de 2015 de: http://www.abs-cbnnews.com/business/03/11/15/how- philippines-can-reverse-brain-drain

Borines Builders Corporation. *Quanto custa a construção de uma casa nas Filipinas?* (20 de novembro de 2015). Recuperado em 20 de novembro de 2015 de: http://www.buildersphilippines.com/how-much-does-a-house- construction-cost-in-the-philippines.html

Instituição Brookings. *Global Metro Monitor.* (2 de dezembro) 2015). Recuperado em 2 de dezembro de 2015 de: http://www.brookings.edu/research/reports2/2015/01/22- global-metro-monitor

Agência Central de Inteligência, *World Factbook*. (3 de dezembro de 2015). Recuperado em 3 de dezembro de 2015 de: https://www.cia.gov/library/publications/the-world- factbook/fields/2116.html

Connell, J. (2006). Medical Tourism: Mar, Sol, Areia e Cirurgia. *Tourism Management.*

Deloitte. (2014). Competitividade: Catching the Next Wave, Filipinas.

Economia das Filipinas. (2 de dezembro de 2015). Recuperado em 2 de dezembro de 2015 de: https://en.wikipedia.org/wiki/Economy das Filipinas

Frances-Presse, A. (8 de outubro de 2013). Indústria de terceirização de PH em expansão enfrenta escassez de trabalhadores. *Inquirer.* Recuperado em 11 de novembro de 2015 de: http://business.inquirer.net/146547/booming-ph- indústria de terceirização enfrenta escassez de mão de obra

Google Maps. Recuperado em 3 de outubro de 2015 http://www.srdp.com.ph/images/proj/gis disaster/climchang e 3 lufut.jp; Recuperado em 10 de outubro de 2015 http://www.escubes.com/wp- content/uploads/2015/09/ManilaCallCenter.jpg, 2015. Recuperado em 4 de dezembro de 2014

Obtido em 2 de dezembro de 2015, de : http://lkyspp.nus.edu.sg/wp- content/uploads/2014/12/Business-Process-Outsourcing- in-the-Philippines.pdf, 2014

Lamudi. (4 de setembro de 2014) *Oito coisas que você precisa saber sobre os empréstimos habitacionais Pg-IBIG*. Recuperado em 21 de setembro de 2015 de: http://www.lamudi.com.ph/journal/8- things-need-know-pag-ibig-housing-loans/

Lee, A. (22 de outubro de 2014). *Terceirização de processos de negócios nas Filipinas*. Escola de Políticas Públicas Lee Kuan Yew, Universidade Nacional de Singapura.

Lorenzetti, L. (20 de junho de 2015) in *Fortune*. As 10 maiores empresas de saúde da Fortune 500. Recuperado em 18 de setembro de 2015 de: http://fortune.com/2015/06/20/fortune-500-biggest empresas de cuidados de saúde

Boletim de Manila. (24 de novembro de 2015). As Filipinas estão prontas para ser a "Capital Mundial do BPO" - CBRE. Recuperado em 24 de novembro de 2015 de: http://www.mb.com.ph/philippines- poised-to-be-bpo-capital-of-the-world-cbre/

Newsbytes. (6 de dezembro de 2014) Accenture, Convergys Top Revenue Earners in BPO Space: Solon. Recuperado em 8 de novembro de 2015 de: http://newsbytes.ph/2014/12/06/accenture-convergys-top- revenue-earners-in-bpo-space-solon/

Oxford Business Group. *A economia das Filipinas está a abrandar mas mantém-se estável*, 2015

Oxford Economics/Haver Analytics como citado em *Competitiveness: Catching the Next 3Wave, Filipinas*, 2015

Pocock, N. (2011). Medical Tourism and Policy Implication for Health System (Turismo Médico e Implicações Políticas para o Sistema de Saúde): A Conceptual Framework from a Comparative Study of Thailand, Singapore and Malaysia. *Globalização e Saúde.*

Autoridade Nacional de Desenvolvimento Económico (NEDA). *Plano de Desenvolvimento das Filipinas 2011-2016.* (2014). Obtido em 2 de dezembro de 2015 em; *O Observatório da Complexidade Económica* http://atlas.media.mit.edu/en/profile/country/phl/

Romualdez, B. G. (15 de novembro de 2015). *Perspectivas brilhantes para a indústria de BPO*. Recuperado em 15 de novembro de 2015 de Philstar: http://www.philstar.com/business/2015/02/10/1421942/brig ht-prospects-bpo-industry

Santos, R. (5 de maio de 2015). Começar do zero: Como é que um potencial empresário cria e gere um centro de atendimento? *Empreendedor Filipinas*. Recuperado em 27 de outubro de 2015 de: http://www.entrepreneur.com.ph/business-ideas/how-does- a-prospective-entrepreneur-put-up-and-run-a-call-center

Sicat, G. P. (2 de dezembro de 2015). História econômica das Filipinas desde a década de 1930 em perspetiva. Recuperado em 2 de dezembro de 2015 do *The Philippine Star*: http://www.philstar.com/business/2015/06/17/1466632/phili ppine-história-económica-perspetiva-1930s

Banco Mundial, 2010, *Beyond the Veil of Conflict: Moving Toward Economic Integration for Sustained Development and Peace in Mindanao*, Obtido em 6 de outubro de 2015 em http://www.landmark.edu/library/citation-guides/landmark- college-citation-guides/apa-citation-style-guide/#sthash.CCiInZ1x.dpuf

Abad, R. P. B., & Fillone, A. M. (2014). *Desenvolvimento de uma ferramenta de agendamento de trânsito público para operadores de ônibus da região metropolitana de Manila*. Humanoid, Nanotecnologia, Tecnologia da Informação, Comunicação e Controlo, Ambiente e Gestão (HNICEM), 2014 International Conference on, 1-

6.
Sobre Manila. Obtido em 21 de setembro de 2015, de http://www.manila.gov.ph
Abuzo, A., & Muromachi, Y. (2014). Economia de combustível dos programas de condução ecológica: Evaluation of Training and Real-World Driving Applications in Manila, Philippines, and in Tokyo. *Registo de Investigação em Transportes*: Journal of the Transportation Research Board, (2427), 34-40.
Aldrine, F., Cueto, G., Barazon, J. K., Camarce, R. A., & Tria, V. J.A *Study on the Effectiveness of Eco-mobility Component: E- jeepney na cidade de Makati.*
Banco Asiático de Desenvolvimento. (2011). *Partes essenciais do E-trike.*
Banco Asiático de Desenvolvimento. (2012). *Avaliação do sector (Resumo): Transportes.*
Banco Asiático de Desenvolvimento. (2012). *Filipinas: Avaliação, estratégia e roteiro do sector dos transportes.*
Belin, P. (2013). *Mudança de identidades numa Metro Manila globalizada.*
Buco, B., & Benjamin V. Buco Jr. (2009). Manila Traffic Found Costing Economy $2 Billion Each Year (Tráfego de Manila Custa à Economia 2 Bilhões de Dólares por Ano). *Business World* (San Juan, Filipinas),
Bushell, M. A., Poole, B. W., Zegeer, C. V., & Rodriguez, D. A. (2013). *Custos para melhorias na infraestrutura para pedestres e ciclistas.* Centro de Pesquisa de Segurança Rodoviária da UNC.
Chidiebere, M., Christopher, A. S., Oladeji, B. G., & Joseph, O. (2014). Análise da forma da carroceria do veículo de triciclos para redução do consumo de combustível. *Design e Engenharia de Sistemas Inovadores*, 5(11), 91-99.
Departamento de Obras Públicas e Auto-estradas. (n. d.) *Orçamento anual.* Obtido em 3 de novembro de 2015 em http://www.dpwh.gov.ph/about us/financial.htm
Donaldson, D., Sader, F., & Wagle, D. M. (1997). *Foreign Diret Investment in Infrastructure: The Challenge of Southern and Eastern Africa.* Publicações do Banco Mundial.
Expandir a utilização de veículos eléctricos nos transportes públicos. (n. d.). Empresas de Expansão de Veículos Eléctricos, Inc.
Fernan, R., & Aksyon, B. (n.d.). *The Marikina Bikeways Network: An Initial Breakthrough in Local Sustainable Transport Planning.*
Flor, D. Javier, S. *Philippine Transportation Statistics.* (n. d.).Centro Nacional de Estudos de Transportes. Recuperado em 8
dezembro de 2015 de
http://www.kokudokeikaku.go.jp/wat2/22 philippines.pdf
Gayer, T., & Parker, E. (2013). *Dinheiro para Clunkers: An Evaluation of the Car Allowance Rebate System.* Brookings Institution, 9.
Google Maps, 2015
Grava, S. (1972). The Jeepneys of Manila. *Traffic Quarterly*, 26(4)
https://d0ctrine.files.wordpress.com/2012/04/img02081- 20120328-0748.jpg, 2012
> https://quinsprogress.files.wordpress.com/2014/03/jeepney8.jpg, 2014
Hubacek, K., Guan, D., & Barua, A. (2007). Changing Lifestyles and Consumption Patterns in Developing Countries (Mudança de estilos de vida e padrões de consumo nos países em desenvolvimento): A Scenario Analysis for China and India. *Futures*, 39(9), 1084-1096. doi:
http://dx.doi.org.proxy.libraries.uc.edu/10.1016/j.futures.2007.03. 010
Long, J., Napton, D., Giri, C., & Graesser, J. (2013). Uma avaliação de mapeamento e monitoramento das florestas de mangue das Filipinas de 1990 a 2010. *Journal of Coastal Research*, 30(2), 260-271.
Lowe, A. (2014, julho de 2014). Manila, assolada pela poluição, está pronta para desencadear uma revolução no transporte elétrico. *The Guardian.* Obtido em 23 de outubro de 2015, de: http://www.theguardian.com/global-development/2014/jul/17/philippines-manila-electric-buses- congestion-pollution
Capacidade de Manila alargada. (2007). *Railway Gazette International*, 163(1), 8.
Murakami, A., & Palijon, A. M. (2005). Urban Sprawl and Land Use Characteristics in the Urban Fringe of Metro Manila, Philippines. *Journal of Asian Architecture and Building Engineering*, 4(1), 177-183.
Nacino, J. (2014). *Segurança energética e transporte sustentável: O Futuro dos Jeepneys nas Filipinas.* Documento de investigação, Universidade de Tóquio,
Novas Perspectivas e Métodos na Investigação sobre Transportes e Exclusão Social (2011). In Currie G. (Ed.). Bradford, GBR: *Emerald Insight.*
Centro de informação de SIG das Filipinas, 2015
Centro de informação GIS das Filipinas. *Contornos de terra - Províncias do país - Regiões do país.* Obtido em 3 de novembro de 2015 em http://www.philgis.org
Autoridade Estatística das Filipinas. *População das Filipinas - Anos do Censo de 1799 a 2010.* Recuperado em 1 de dezembro de 2015 de http://www.nscb.gov.ph/secstaVd popn.asp
Autoridade Estatística das Filipinas. (2015). *Estatísticas de transporte ferroviário, aquático, terrestre e aéreo 2003-2012.* Recuperado em 16 de outubro de 2015 de http://www.nscb.gov.ph/secstaVd trans.asp
Relatório sobre o transporte de mercadorias nas Filipinas no quarto trimestre de 2015.BMI Research - *Business Monitor International Ltd.*
Porio, E. (2012). Descentralização, poder e práticas de governação em rede na região metropolitana de Manila.

Space and Polity, 16(1), 7-27.
Porio, E. (2011). Vulnerabilidade, Adaptação e Resiliência às Inundações e aos Riscos Relacionados com as Alterações Climáticas entre os Marginais,
Riverine Communities in Metro Manila. *Asian Journal of Social Science*, 39(4), 425-445. doi:10.1163/156853111X597260
Mensagem do Presidente Aquino sobre o orçamento nacional para o ano fiscal de 2016. Recuperado de: http://www.gov.ph/2015/07/28/president-aquino-budget- message-2016/
Regidor, J. R. F. (2013). Congestionamento de tráfego na região metropolitana de Manila: o UVVRP ainda é eficaz? *Philippine Engineering Journal*, 34(1)
Robles, A. C. (2012, 14 de abril). A agonia dos passageiros do Metro Manila. *GMA News Online*. Recuperado em 11 de novembro de 2015 de:
http://www.gmanetwork.com/news/story/254898/news/specialre ports/the-agony-of-metro-manila-commuters
Esquema do projeto expresso Manila-Calabarzon em fase de finalização pela Ayala Land, Governo (1997). *Business World* (San Juan, Filipinas), NOPGCIT.
Sia, H. D. (n. d.). *Comparação do Consumo de Combustível do Jeepney a Diesel e do Jeepney Auto-LPG na Rota Litex-San Isidro.*
Subida, R., Velas, M., & Dan MacNamara, S. (2004). *Estratégias Ambientais Integradas - Projeto das Filipinas Relatório/Metropolitan Manila: A Focus on the Transport Setor.*
Syed, S. (2013, 30 de julho de 2013). Fim da estrada para jeepneys nas Filipinas. *BBC News*, Recuperado em 19 de novembro de 2015 de http://www.bbc.com/news/business-23352851
Banco Mundial. (2001). *Documento de avaliação do projeto relativo a um empréstimo proposto no montante de 55 milhões de dólares americanos e a uma subvenção de 1 milhão de direitos de saque especiais do Fundo Mundial para o Ambiente à República das Filipinas para o projeto de integração dos transportes urbanos de Metro Manila. Relatório nº 20767-PH.*
Banco Mundial. (2011). *Relatório de conclusão e resultados da implementação (BRD-70580 TF 29804) de um empréstimo no montante de 60 milhões de dólares americanos e de uma subvenção do Fundo Mundial para o Ambiente no montante de 1,0 milhões de DSE (equivalente a 1,3 milhões de dólares americanos) à República das Filipinas para o Projeto de Integração dos Transportes Urbanos de Metro Manila.*
Grupo do Banco Mundial. (n. d.*) Projeto de Integração dos Transportes Urbanos da Área Metropolitana de Manila (MMURTRIP).*
Autor desconhecido. (n. d.). *Programa de Veículos Eléctricos*. Departamento de Energia.
Yujuico, E. (2015). Considerações sobre a difusão de um aplicativo público de trânsito para a região metropolitana de Manila. *Journal of Transport Geography*, 42, 48-56.
ADB/SPEC (2013). *Perspectivas energéticas para a Ásia e o Pacífico: Banco Asiático de Desenvolvimento e Cooperação Económica Ásia-Pacífico.*
Ajero, M. A. (2000). *Future Emissions of Metro Manila.*
Anónimo. (2015). *The Philippine Star.* Taxas de energia aumentam este mês. Recuperado em 1 de outubro de 2015.
http://www.philstar.com/headlines/2015/02/11/1422440/power -rates-month
Antonio, H. (2014). *A History of the Philippine Power Setor* (Vol. The Energy Report - Philippines, pp. 10-14): KPMG Global Energy Institute.
APEC. (2010). *Perspectivas da procura e da oferta de energia da APEC.*
Autoridade, P. S. (2014). *Cálculo da atribuição de receitas internas para o ano fiscal de 2014*.
Caritas Internacional. (2015). *A Cáritas e a Indústria*. Retrieved 5 December /2015. http://www.caritas.org/what-we- do/development/caritas-and-extractive-industries/
CIA, *World Factbook* (2011). Filipinas. Recuperado em 7 de dezembro de 2015, de https://www.cia.gov/library/publications/the-world- factbook/geos/rp/html
Dancel, R. (2015). Filipinas vê lenta absorção de energia renovável. Retrieved from *The Guardian:* http://www.theguardian.com/environment/2015/jun/18/philippi nes-sees-slow-take-up-of-renewable-energy
Departamento de Energia. (2008). *Situação energética das Filipinas.*
Discovery, V. (2013). *Vulcões das Filipinas*. Recuperado em 7 de dezembro de 2015, de http://www.volcanodiscovery.com/philippines.html
Elliot, D. e. a. (2001). *Wind Energy Resource Atlas of the Philippines*. 617 Cole Boulevard, Golden, Colorado 804013393: Laboratório Nacional de Energias Renováveis e Wind Economics and Technology, Inc.
Hojnacki, A. L., et al. (2011). *Biodigester Global Case Studies*. MIT: D-Lab Waste.
Hondo, H. (2005). - *Análise das emissões de gases com efeito de estufa ao longo do ciclo de vida dos sistemas de produção de energia: Caso Japonês*. - Simpósio Internacional sobre Fixação de CO2 e Utilização Eficiente de Energia (Cande 2002) e Conferência Internacional sobre o Sistema Energético Mundial (WESC-2002) (- 11-12), - 2042.
Jacinto, G.S., Azanza, R.V., Velasquez, I.B., e Siringan, F.P. *Manila Bay: Environmental Challenges and Opportunities*. Países Baixos: Springer Netherlands, 2006. Obtido em 12/6/2015 de: http://link.springer.com/chapter/10.1007%2F1-4020-3655- 8 19
KPMG. *The Energy Report Philippines: Growth and Opportunities in the Philippine Electric Power Setor*

(Crescimento e oportunidades no sector da energia eléctrica das Filipinas) 20132014 Edition. Manabat Sanagustin & Co., 2013. Imprimir.
Lumampao, F. (2004). *Enabling Urban Poor Livelihoods Policy Making: Understanding the Role of Energy Services*: Universidade Técnica de Twente, Países Baixos.
MERLCO. (2015). *Compreender a sua fatura.*
Mouton, M. (2015). A Reforma do Setor Elétrico das Filipinas e a Questão Urbana: How Metro Manila's Utility is Tackling Urban Poverty. *Política Energética*, 78, 225-234.
Corporação Nacional de Energia. (2014). *Usina nuclear de Bataan.* Recuperado em 1 de novembro de 2015 http://www.napocor.gov.ph/index.php/bataan-nuclear-power- planta
Observatório, M. (2005). *Mapping Philippine Vulnerability to Environmental Disasters [Mapeamento da vulnerabilidade das Filipinas a desastres ambientais*]. Recuperado em 7 de dezembro de 2015, de http://vm.obervatory.ph/geophys maps.html
Paje, Ramon (2011). *Estado do Ambiente - Perspectivas de Investimento.* Recuperado em 1 de dezembro de 2015
http://www.slideshare.net/arangkadaph/state-of-the-philippine- environment?next slideshow=2
Pascual, F. (2013). *Central nuclear de Bataan: Reabri-la ou não?* Recuperado em 12/7/2015, 2015, de http://www.philstar.com/opinion/2013/08/06/1057341/bataan- central-nuclear-reabrir-ou-não
Penarroyo, F. (2014). *Filipinas - Geração prolongada e oportunidade.*
Petilla, C. J. L. (2013). *Perspectivas da oferta e da procura de energia eléctrica para 2012-2030.*
Administração Atmosférica das Filipinas (PAGASA). (2015). *Clima das Filipinas.* Recuperado em 7 de dezembro de 2015, de https://kidlat. pagasa.dost.gov. ph/index. php/clinate-of-the- philippines
Autoridade Nacional para a Economia e o Desenvolvimento das Filipinas (NEDA). (2011). *Plano de desenvolvimento das Filipinas 2011-2016.* Recuperado em 12/5/2015
http://www.neda.gov.ph/2013/10/21/philippine-development- plano-2011-2016/
Reyes, E. (2013). *Eficiência energética nas Filipinas.*
Sahakian, M. D. (2011). Understanding Household Energy Consumption Patterns (Compreender os padrões de consumo de energia das famílias): When "West Is Best" in Metro Manila. *Política Energética*, 39(2), 596-602.
The Manila Times, 2014
Transparência Internacional. (2014). Índice de Percepções de Corrupção. Recuperado em 20 de setembro de 2015.
http://www.transparency.org/cpi2014/infographic
ONU-Habitat. *Planear cidades sustentáveis: Policy Diretions Global Report on Human Settlements 2009.* REINO UNIDO: Programa das Nações Unidas para os Assentamentos Humanos, 2009. Imprimir.
ONU-Habitat. *State of the World's Cities 2012/2013.* Quénia: Programa das Nações Unidas para os Assentamentos Humanos, 2012. Imprimir.
USAID. (2013) *Programa de Ciência, Tecnologia, Investigação e Inovação para o Desenvolvimento.* Recuperado em 21 de setembro de 2015.
http://map.usaid.gov/PublicProjectDetail?id=a0cd0000005Vdn QAAS&cid=Filipinas
Administração da Informação sobre Energia dos EUA. (2015). Perguntas mais frequentes. Recuperado em 8 de dezembro de 2015.
https: //www. eia.gov/tool s/faqs/faq.cfm?id=97&t=3
Wootton, Mike. (2013). *Energia renovável nas Filipinas.* Recuperado em 8 de dezembro de 2015.
http://www.energybiz.com/article/13/06/renewable-energy- philippines
> www.skyscrapercity.com
Argo, Teti, Laquian, Aprodicio A. (7 de julho de 2011). *Privatização dos serviços públicos de água e seus efeitos sobre os pobres urbanos em Jacarta Raya e Metro Manila.* Retrieved from
https://www.wilsoncenter.org/publication/privatization-water- utilities-and-its-effects-the-urban-poor-jakarta-raya-and-metro
Banco Asiático de Desenvolvimento. (2014a). *Avaliação urbana nacional do Banco Asiático de Desenvolvimento.* Obtido em 5 de dezembro de 2015 de
https://openaccess.adb.org/bitstream/handle/11540/754/philip pines-national-urban-assessment.pdf?sequence=1
Banco Asiático de Desenvolvimento. (2014b). *Segredos da torneira: A história da água de Manila.* Recuperado em 7 de dezembro de 2015 do Banco Asiático de Desenvolvimento: http://www.adb.org/publications/tap-secrets-manila-water-story
CIA, *World Factbook* (2011). The Philippines. Recuperado em 7 de dezembro de 2015, de https://www.cia.gov/library/publications/the-world- factbook/geos/rp/html
Limpeza do rio Pasig em Manila, Filipinas. (2012, 23 de abril). Recuperado em 4 de dezembro de 2015, de http://www.adb.org/features/pasig-river-clean
Relatório DPWH, 2013
Ambiente e catástrofes naturais. (n. d.). Recuperado em 4 de dezembro de 2015, de http://www.investphilippines.info/arangkada/climate/environme nt-and-natural-disasters/
Espiritu, Roel. (2011). *Distrito de água de Maynilad, Filipinas.* Recuperado em 6 de dezembro de 2015 de http://www.un.org/waterforlifedecade/green economy 2011/p df

Espiritu, Roel (3 de outubro de 2011). Década da Água para a Vida das Nações Unidas. Recuperado em 23 de outubro de 2015 de *Água na economia verde na prática: Towards Rio+ 20:* http://www.un.org/waterforlifedecade/green economy 2011/p df/session 2 green jobs cases philippines.pdf /session 2 green jobs cases philippines.pdf

Gilbuena, Romeo, et al. "Environmental Impact Assessment of Structural Flood Mitigation Measures by a Rapid Impact Assessment Matrix (RIAM) Technique: Um estudo de caso em Metro Manila, Filipinas." *Science of the Total Environment* 456 (2013): 137-147.

Gilani, Amir SJ, e H. Kit Miyamoto. "Programa de redução do risco sísmico em grande escala do Banco Mundial para edifícios públicos na região metropolitana de Manila, Filipinas". *Melhoria do desempenho sísmico de edifícios existentes e outras estruturas 2015*. 2015. 718-727.

http://www.adb.org/features/tapped-out-solving-asias-water- crise-adbs-take

http://www.gmanetwork.com/news/story/313881/news/specialr eports/flooding-along-major-waterways-can-be-alleviated-by- relocating-informal-settlers

http://www.getintravel.com/manila-philippines/high-rise- condominiums-and-offices-of-fort-bonifacio-modern-financial- and-business-district-of-metro-manilain-thephilippines/, 2012

> http://www.mangroveactionproject.blogspot.com, Recuperado em 2 de dezembro de 2015

http://www.google.com/map, Recuperado em 2 de dezembro de 2015

> http://www.slideshare.net/gustavomoura6/constructed, Recuperado em 2 de dezembro de 2015

> http://www.zamboanga.com, Recuperado em 3 de dezembro de 2015

https://pasigriverwatch.wordpress.com/2011/03/10/updates- on-pasig-river/

IAENG, Hong Kong. *Controlo de cheias e sistema de drenagem da Espana Boulevard na área metropolitana de Manila*, Recuperado em 4 de dezembro de 2015

Kapit Bisig Para sa Ilog Pasig. (n. d.). Recuperado em 5 de dezembro de 2015, de http://kapitbisigparasailogpasig.com/

Magtibay, Antonio B. (2010). *Disaster Preparedness for Water Utilities (Preparação para catástrofes para serviços públicos de água)*. Recuperado em 4 de dezembro de 2015, de: http://www.lwua.gov.ph/technical matters 10/disaster prepar edness.htm

Maynilad Water Services Inc. (23 de abril de 2010). *Comunicados de imprensa*. Recuperado em 17 de novembro de 2015 de Maynilad Water: http://www. mayniladwater.com. ph/news-article. php?id=102

NYC DEP, (n. d.)

Prevenção da Poluição (P2), (n. d.)

Porio, Emma. "Vulnerability, Adaptation, and Resilience to Floods and Climate Change-related Risks among Marginal, Riverine Communities in Metro Manila." *Asian Journal of Social Science* 39.4 (2011): 425-445.

Ranada, P. (28 de fevereiro de 2014). *O programa de reflorestamento do governo está plantando as árvores certas?* Recuperado em 8 de dezembro de 2015, de http://www.rappler.com/nation/51200-national- greening-program-native-trees

Ranada, P. (1 de setembro de 2015). *355.500 casas em NCR enfrentam interrupção de água a partir de setembro*. Recuperado em 8 de dezembro de 2015, de: http://www. rappler.com/nation/104371 - metro-manila-homes-water-disruption-el-nino

Resources, N., Service, C., e Standard, C. P. (outubro de 2003). *Norma de Prática de Conservação do Serviço de Conservação de Recursos Naturais NRCS, NHCP*, 1-3.

Rosenzweig, Cynthia, e William Solecki. "Adaptação da cidade de Nova Iorque em contexto". *Anais da Academia de Ciências de Nova York* 1196.1 (2010): 19-28.

The Philippine Star. (18 de março de 2004). Cinco rios metropolitanos declarados mortos. Recuperado em 8 de dezembro de 2015, de http://www.philstar.com/metro/242967/five-metro-rivers- declared-'dead'

USDA, NRCS. *Base de dados de plantas*. Equipa Nacional de Dados sobre Plantas, Greensboro, NC, EUA." (2013).

Alave, K. (16 de agosto de 2011). Metro Manila produz um quarto do lixo das Filipinas. *Philippine Daily Inquirer*.

Almendral, A. (26 de março de 2014). A favela que se tornou a campeã de reciclagem de Manila. *Próxima cidade*. https://nextcity.org/daily/entry/the-impoverished bairro de lata-que-se-tornou-manilas-modelo-reciclador

Banco Asiático de Desenvolvimento (ADB). (2013). *Philippines: Avaliação, estratégia e roteiro do sector de abastecimento de água e saneamento*, 1-37.

Banco Asiático de Desenvolvimento (ADB). (2012). *Relatório de validação sobre as Filipinas: Programa de Desenvolvimento Sectorial de Gestão e Reabilitação Ambiental do Rio Pasig*, 1-7. http://www.adb.org/sites/default/files/evaluation document/36027/files/pvr-187.pdf

Bernardo, E.C. (2008). Solid-Waste Management Practices of Households in Manila, Philippines [Práticas de Gestão de Resíduos Sólidos de Agregados Familiares em Manila, Filipinas]. *Annals of the New York Academy of Sciences*, 420-424. doi:10.1196annals.

Departamento do Ambiente e dos Recursos Naturais de Manila (2000). *Manual sobre a Lei de Gestão de Resíduos Sólidos Ecológicos*. Disponível em: http://pdf.usaid.gov/pdf docs/Pnacu005.pdf

Elloso, R. (17 de outubro de 2013). O problema perene do lixo. *Boletim de Manila*. Recuperado em 22 de novembro de 2015 de http://www.mb.com.ph/the-perennial problem-of-garbage/
Gaillard, J.C, e Cadag, J.R.D. (2009). "From Marginality to Further Marginalization: Experiências das Vítimas do
Deslizamento de terra em Payatas, julho de 2000, nas Filipinas". JAMBA: *Journal of Disaster Risk Studies*, 2(3), 197-215.
http://www.rappler.com/move-ph/issues/hunger/68611-urban- farming-quezon-city
http://quezoncity.gov.ph
http://static.rappler.com/images/AFP-garbage- collector19062012.jpg
Mercado, E. (2006). *Making RA 9003 Work: Colocando Questões Reais, Soluções Reais num Mundo Real*. Disponível em: http://zunia.org/sites/default/files/media/node files/ma/150867 Making%20RA%209003%20Work1.pdf
Merry, S. M., Kavazanjian, E., e Fritz, W. U. (2005). "Reconhecimento da falha do aterro sanitário de Payatas em 10 de julho de 2000". *J. Perform. Constr. Facil*., ASCE, 19(2), 100-107.
Philippines Sanitation Sourcebook, 2004
Rananda, P. (2014). *QC desperdiça P250M anualmente com programa de lixo defeituoso*. Disponível em: http://www.rappler.com/science nature/52733-quezon-city- garbage-disposal
Storey, D. (2012). Manila, Filipinas. Em C. Zimring e W. Rathje (Eds.), *Encyclopedia ofConsumption and Waste:*
A ciência social do lixo. (pp. 499-502). Thousand Oaks, CA: SAGE Publications, Inc. doi: http://dx.doi.org/10.4135/9781452218526.n194
Governo local da cidade de Quezon (2015). *Cidade Verde*. Disponível em: http://quezoncity.gov.ph
Estudo nacional sobre as Filipinas, 2013
Programa das Nações Unidas para o Desenvolvimento (PNUD). (2006*). Para além da escassez: Power, Poverty, and the Global Water Crisis (Poder, Pobreza e a Crise Mundial da Água). Relatório de Desenvolvimento Humano 2006*. Hoechestetter Printing Co.
Parceria para o Ambiente Aquático na Ásia, n. d
Wrona, N. (2014, 27 de março). Pode Manila transformar-se numa cidade sem resíduos? *Waste Dive*. Obtido em 2 de dezembro de 2015, de http://www.wastedive.com/news/can manila-turn-into-a-zero- waste-city/244112/
Banco Asiático de Desenvolvimento (abril de 2011). *Banco Asiático de Desenvolvimento e Filipinas: Fact Sheet*. Recuperado em 18 de outubro de 2015 de ADB: http://www.adb.org/publications/philippines-fact-sheet
Banco Asiático de Desenvolvimento (2011). *Estratégia de parceria com o país: Filipinas,*. Obtido em 28 de outubro de 2015 do BAD: http://www.adb.org/sites/default/files/linked- documents/cps-phi-2011-2016-ssa-07.pdf
Banco Asiático de Desenvolvimento (2015). *Filipinas: Projeto de desenvolvimento de água e saneamento na área metropolitana de Manila*. Obtido em 3 de novembro de 2015 do BAD: http://www.adb.org/projects/48173-003/main#tabs-0-1
Banco Asiático de Desenvolvimento (n. d.). *Linha Sul do Projeto Ferroviário Norte-Sul*. Recuperado em 1 de dezembro de 2015 do ADB: http://www.adb.org/sites/default/files/page/82619/nsrp- teaser.pdf
Bangko Sentral ng Pilipinas (2015). *Invest Philippines*. Obtido em 21 de novembro de 2015 de República das Filipinas: http://investphilippines.gov.ph/
Bangko Sentral ng Pilipinas (10 de novembro de 2013). *Comunicados de imprensa*. Recuperado de Bangko Sentral ng Pilipinas: http://www. bsp.gov. ph/publications/media.asp?id=3245
Dorell, O. (15 de novembro de 2013). China fica atrás da Ikea na ajuda às Filipinas. Recuperado em 15 de outubro de 2015 do *USA Today:* http://www.usatoday.com/story/news/world/2013/11/14/chin a-typhoon-haiyan-aid/3529729/
http://www.cefisci.net/wp-content/uploads/2013/12/Ing Finances.jpg
Hutchinson, M. (2 de julho de 2015). As Filipinas: um refúgio seguro para os investidores. Recuperado em 27 de setembro de 2015 de
Wall Street Daily:
http://www.wallstreetdaily.com/2015/07/02/philippines- investimento-rendimento/
Agência de Cooperação Internacional do Japão (n. d.). *Actividades nas Filipinas*. Obtido em 14 de novembro de 2015 da JICA: http://www.jica.go. jp/philippine/english/activities/activity01.h tml
Jinoh, K. (n. d.). Korea 's Grant Aid Assistance to the Philippines. Retirado de *Forging a New Philippines Foreign Policy*:
http://www.philippinesintheworld.org/sites/default/files/Kore a%27s%20Grant%20Aid%20Assistance%20to%20the%20 Philippines KOICA.pdf
ODA *(*Office Development Assitance*)* coreano. (n. d.). *Nurturing Partnership with the Philippines*. Recuperado em 4 de dezembro de 2015 do Philippine Center for Investigative Journalism: http://pcij.org/blog/wp-docs/KOICA ODA.pdf
Leyco, C. (25 de julho de 2015). PH continua a ser atraente para os investidores estrangeiros. Retrieved 28

September 2015 from *Manila Bullettin* : http://www.mb.com.ph/ph-remains-attractive-to- foreign-investors/
Banco Metropolitano, 2015
Ministério da Economia, Comércio e Indústria (16 de janeiro de 2012). Filipinas. Obtido em 1 de dezembro de 2015 de
METI:
http://www.meti.go.jp/english/policy/extemal economy/regi onal affairs/southeast asia pacific/philippines.html
Ministério dos Negócios Estrangeiros do Japão (2014). *Filipinas.* Obtido em 3 de outubro de 2015 de Ministério dos Negócios Estrangeiros do Japão:
http://www.mofa.go.jp/policy/oda/data/pdfs/philippines.pdf
Orendain, S. (4 de março de 2015). *Economia das Filipinas é forte, mas o investimento estrangeiro está atrasado.* Recuperado em 4 de dezembro de 2015 da Voice of America:
http://www.voanews.com/content/philippines-economy-is- strong-but-foreign-investment-lags/2667105.html
Departamento de Receitas Internas das Filipinas (BIR), 2015
Departamento de Orçamento e Gestão das Filipinas (DBM), 2015
Autoridade Nacional para a Economia e o Desenvolvimento das Filipinas. (2011). *Philippine Development Plan 2011-2016.* Retrieved 12/5/2015 http://www.neda.gov.ph/2013/10/21/philippine- development-plan-2011-2016/
Price Waterhouse Coopers, Inc. (PWC), *Filipinas*, 2015
Quinlan, C. (8 de maio de 2014). Mercados emergentes: investindo nas Filipinas. Recuperado em 22 de novembro de 2015 do *U.S. News and World Report*:
http://money.usnews.com/money/personal-finance/mutual- funds/articles/2014/05/08/emerging-markets-investing-in- the-philippines
Autoridade Regional para a Economia e o Desenvolvimento da Região III, C. L. (25 de fevereiro de 2011). *Região de Luzon Central*
Plano de Desenvolvimento 2011-2016. Obtido em 6 de novembro de 2015 de issuu: http://issuu.com/cap-dis/docs/region 3
Troilo, P. (6 de novembro de 2011). *Os 10 principais doadores de ajuda externa para as Filipinas.* Recuperado em 29 de setembro de 2015 de devex: https://www.devex.com/news/top-10-foreign-aid- donors-to-the-philippines-76515
Agência dos Estados Unidos para o Desenvolvimento Internacional (14 de setembro de 2015). Filipinas. Recuperado em 20 de setembro de 2015 de USAID:
https://www.usaid.gov/philippines/history
Agência dos Estados Unidos para o Desenvolvimento Internacional (2015). *Empréstimos e subvenções dos EUA no exterior para as Filipinas.* Recuperado de Inside Gov: http://us-foreign- aid.insidegov.com/l/139/Philippines
Wong, A. C. (22 de outubro de 2013). *Perspectivas de parceria: As Filipinas e a Coreia do Sul.* Recuperado em 1 de dezembro de 2015 do Foreign Service Institute: http://www.fsi.gov.ph/prospects-in-partnership-the-philippines-and-south-korea/
Banco Mundial (2004). *Para além do crescimento económico.* Obtido em 18 de novembro de 2015 no Banco Mundial: http://www.worldbank.org/depweb/beyond/beyondco/beg 1 3.pdf
Banco Mundial (19 de janeiro de 2011). *Filipinas: Banco Mundial aprova subsídio de US $ 1,5 milhão para o Plano Diretor de Controle de Inundações da Metro Manila.* Recuperado em 30 de outubro de 2015 de Relife Web: http://reliefweb.int/report/philippines/philippines-world-bank- approves-15m-grant-metro-manilas-flood-control-master- plan
Banco Mundial (agosto de 2015). *Filipinas* . Recuperado em 15
setembro de 2015 do Banco Mundial:
http://www.worldbank.org/en/country/philippines/projects
Edelman, David (Ed.). *Managing the Urban Environment - Lagos, Nigeria.* Saarbrücken: LAP LAMBERT Academic Publishing, fevereiro de 2015.
Edelman, David (Ed.). *Managing the Urban Environment - Mysore, India.* Saarbrücken: LAP LAMBERT Academic Publishing, janeiro de 2014.
http://www.Interaksyon.com. Recuperado em 16 de dezembro de 2015
Fundação de Direito Arellano. "Decreto Presidencial nº 824 de 7 de novembro de 1975. Criação da área metropolitana de Manila e da Comissão Metropolitana de Manila e para outros fins". 7 de novembro de 1975. Recuperado em 14 de dezembro de 2015.
Bong, Lozada. "Metro Manila é a segunda capital mais arriscada do mundo para se viver - enquete". *Philippine Daily Inquirer.* 27 de março de 2014. Recuperado em 12 de dezembro de 2015.
"Construir áreas metropolitanas globalmente competitivas nas Filipinas" (PDF). Autoridade Nacional para a Economia e o Desenvolvimento. 30 de agosto de 2007. Arquivado do original (PDF) em 4 de outubro de 2013. Recuperado em 14 de dezembro de 2015.
Coinmill.com, recuperado em 15 de dezembro de 2015.
Demographia (janeiro de 2015). *Demographia World Urban Areas* (http://www.demographia.com/db-worldua.pdf) (PDF) (11th ed.). Recuperado em 20 de agosto de 2015.Philippine Development Plan. (2011). Recuperado de http://www.neda.gov.ph/2013/10/21/philippine-development- plan-2011-2016/
Dumlao-Abadilla, Doris. "Metro Manila faz parte da lista das 30 principais megacidades". 22 de maio de 2015.

INQUIRER.net. Recuperado em 11 de dezembro de 2015.
Edelman, David (Ed.). *Managing the Urban Environment - Mysore, India.* Saarbrücken: LAP LAMBERT Academic Publishing, janeiro de 2014.
Edelman, David (Ed.). *Gerir o ambiente urbano*
Lagos, Nigéria. Saarbrücken: LAP LAMBERT Academic Publishing, fevereiro de 2015.
"Empresas globais impulsionam aumento recorde no espaço de escritórios de Manila". *GMA News* Online. 26 de fevereiro de 2015. Recuperado em 5 de março de 2015.
"Governação e desenvolvimento: Case Study of Metro Manila" (PDF). Instituto Filipino de Estudos para o Desenvolvimento. fevereiro de 1999. Recuperado em 12 de dezembro de 2015.
Hjelmgaard, Kim. "Study Published ahead of World Economic Forum Cites 'Staggering' Inequality between Rich and Poor", *The Enquirer*, 20 de janeiro de 2015, p. 5B.
http://www.manilahums.weebly.com
Kelly, Mark. "You're on Your Own", *Weld for Birmingham*, 2229 de outubro de 2015, p. 4.
"Salário mínimo da região metropolitana de Manila agora em P481". *The Manila Times*. 18 de março de 2015. Recuperado em 15 de dezembro de 2015.
Não, Mareng Winnie, Metro Manila não é o 'paborito'; é o 'tagasalo'". http://www. Interaksyon. 19 de janeiro de 2015.
Recuperado em 14 de dezembro de 2015.
"A esperança do nosso país". INQUIRER.net. 24 de agosto de 2014. Recuperado em 13 de dezembro de 2015.
"PIB per capita". Conselho Nacional de Coordenação Estatística. 25 de julho de 2013. Recuperado em 14 de dezembro de 2015.
"O sector imobiliário da PH recebe um impulso dos BPO, da hotelaria, do jogo e do retalho". *Manila Standard Today*. 6 de março de 2015. Recuperado em 12 de dezembro de 2015.
"O sector imobiliário da PH vai manter-se forte em 2015". INQUIRER.net. 25 de fevereiro de 2015. Recuperado em 13 de dezembro de 2015.
Shahani, Lila Ramos (11 de maio de 2015). "Viver numa linha de falha: Manila num terramoto de 7,2". *A estrela filipina*. 11 de maio de 2015. Recuperado em 1 de novembro de 2015.
"Statwatch - Região da Capital Nacional". Conselho Nacional de Coordenação Estatística. 10 de dezembro de 2012. Recuperado em 13 de dezembro de 2015.Censo de População e Habitação de 2010: Região da Capital Nacional" (PDF). Instituto Nacional de Estatística
(NSO) da República das Filipinas. Recuperado em 14 de dezembro de 2015.
"Mapa do Monitor Metropolitano Global 2014". Instituição Brookings. Recuperado em 11 de dezembro de 2015)

MIX
Papier aus verantwortungsvollen Quellen
Paper from responsible sources
FSC® C105338

Printed by Books on Demand GmbH, Norderstedt / Germany